Thierry Gallauziaux - D

Les évolutions
de la norme électrique

Dans la même collection

Th. Gallauziaux & D. Fedullo – **Installer un tableau électrique**
N° G11161, 2004, 2e édition, 56 pages.

Th. Gallauziaux & D. Fedullo – **Poser un carrelage mural**
N° G11141, 2002, 56 pages.

Th. Gallauziaux & D. Fedullo – **Réparer la plomberie**
N° G11142, 2002, 56 pages.

Th. Gallauziaux & D. Fedullo – **Le guide des parquets et sols stratifiés**
N° G11277, 2003, 56 pages.

Th. Gallauziaux & D. Fedullo – **Poser et entretenir parquets et sols stratifiés**
N° G11278, 2003, 56 pages.

Th. Gallauziaux & D. Fedullo – **Mémento de schémas électriques**
N° G11498, 2004, 56 pages.

Collection « Comme un pro ! »

Th. Gallauziaux & D. Fedullo – **Dépannages et rénovations électriques**
N° G06816, 1999, 6e tirage, 208 pages.

Th. Gallauziaux & D. Fedullo – **La menuiserie**
N° G06819, 2000, 3e tirage, 238 pages.

Th. Gallauziaux, D. Fedullo, M. Jacquelot – **La plomberie**
N° G06817, 1998, 1re édition, 6e tirage, 212 pages.

Th. Gallauziaux & D. Fedullo – **Le chauffage électrique et l'isolation thermique**
N° G06814, 1997, 1re édition, 4e tirage, 224 pages.

Th. Gallauziaux & D. Fedullo – **L'installation électrique**
N° G11431, 2004, 2e édition, 326 pages.

Thierry Gallauziaux - David Fedullo

Les évolutions
de la norme électrique

Troisième tirage 2007

EYROLLES

ÉDITIONS EYROLLES
61, bd Saint-Germain
75240 Paris Cedex 05
www.editions-eyrolles.com

AVERTISSEMENT

Bien que tous les efforts aient été faits pour garantir l'exactitude des données de l'ouvrage, nous invitons le lecteur à vérifier les normes, codes et lois en vigueur, à suivre les instructions des fabricants et à observer les consignes de sécurité.

Le code de la propriété intellectuelle du 1er juillet 1992 interdit en effet expressément la photocopie à usage collectif sans autorisation des ayants droit. Or, cette pratique s'est généralisée notamment dans les établissements d'enseignement, provoquant une baisse brutale des achats de livres, au point que la possibilité même pour les auteurs de créer des œuvres nouvelles et de les faire éditer correctement est aujourd'hui menacée.

En application de la loi du 11 mars 1957, il est interdit de reproduire intégralement ou partiellement le présent ouvrage, sur quelque support que ce soit, sans l'autorisation de l'Éditeur ou du Centre Français d'exploitation du droit de copie, 20, rue des Grands Augustins, 75006 Paris.

© Groupe Eyrolles, 2004, ISBN 978-2-212-11516-1

Les évolutions de la norme électrique

Sommaire

L'importance de la norme 6
La norme électrique domestique 6
Le réseau de communication 6
La conformité 7
Le choix du matériel 7
Les pièces 9
Couloirs et circulations 9
Chambres 10
Salon 11
Cuisine 11
Extérieur 13
Salles d'eau 14
Les volumes 14
La liaison équipotentielle supplémentaire 17
Les règles 19
Les prises de courant 22
Prises directes non spécialisées 25
Prises de courant 16 A - 2 P + T 25
Prises commandées 25
Les prises et les circuits spécialisés 27
Les circuits d'éclairage 29
La télévision 32
Réseau de communication 33
La GTL 37
Les dispositifs de protection 40
Les interrupteurs différentiels 40
Les disjoncteurs différentiels 41
Les coupe-circuits domestiques 42
Les disjoncteurs divisionnaires 43
Protection des chauffages à fil pilote 43
Le parafoudre 44
Alimentation d'une cave ou d'un garage en immeuble 46
Le repérage des circuits 48
Le schéma de l'installation 48

L'importance de la norme

Ce guide présente les principales nouveautés de la norme électrique NF C15 100 applicable depuis le 1er juin 2003. La plupart des installations électriques anciennes ne sont plus aptes à supporter les appareils de plus en plus nombreux que nous sommes amenés à raccorder. Ces installations ne se trouvent plus du tout en conformité avec les règles élémentaires de sécurité : le matériel s'est usé, il n'est plus conforme. Les premiers moyens de protection étaient assez rudimentaires : il n'y avait, par exemple, pas de prise de terre.

Ces quelques remarques semblent évidentes mais beaucoup n'en ont pas conscience. On pense à refaire les peintures mais rarement l'installation électrique, partant du principe que tant que cela fonctionne, il n'y a pas de problèmes (jusqu'à ce qu'ils arrivent !).
Une installation électrique aux normes permet de disposer de circuits adaptés à vos appareils, d'avoir des prises de courant en nombre suffisant et placées aux endroits qui vous sont les plus utiles (avec la prise de terre et des protections désormais obligatoires pour les enfants), d'avoir des éclairages qui mettent en valeur votre intérieur, d'être en parfaite sécurité et souvent de réaliser des économies.

De plus, le matériel actuel est beaucoup plus performant et il supportera mieux le poids des années. Il faut savoir que les travaux sur une installation électrique ne tolèrent ni l'à-peu-près ni le mauvais bricolage.
Il existe des règles très strictes qu'il est obligatoire de respecter. Elles sont le fruit de nombreuses années de constats et de recherches ayant pour but d'offrir une totale sécurité.

La norme en vigueur s'applique à toutes les installations ou extensions nouvelles. Par exemple, si vous rénovez votre logement ou si vous aménagez une extension (aménagement de combles), la nouvelle norme s'applique de fait.

La norme électrique domestique

La nécessité de réglementer les installations s'est très tôt fait sentir. Dès 1911, la publication 137 déterminait les instructions concernant les installations électriques de première catégorie dans les immeubles. En 1930 naquit la NF C 11 qui fut transformée en USE 11 en 1946. Elle prenait en compte les règles d'exécution des installations électriques et l'introduction des conducteurs en matière synthétique en remplacement des isolants en tissu. En 1956 apparut la première NF C 15-100 qui sera refondue régulièrement, tous les dix ans environ, jusqu'à la dernière en date de 2002.
Applicable depuis juin 2003, la norme NF C 15-100 évolue en vue d'une harmonisation européenne et internationale. Des règles beaucoup plus strictes sur la sécurité ont été définies. Toutes les installations électriques neuves ou rénovées doivent obligatoirement satisfaire à cette nouvelle norme. Cet ouvrage tient compte des nouvelles dispositions qu'elle définit.

Le réseau de communication

Avec l'accroissement des communications, des applications multimédias, bureautiques et informatiques, les bâtiments à usage résidentiels demandent des câblages de plus en plus spécifiques pour offrir une bande passante et un débit élevés que ne permettaient plus de fournir les installations anciennes. Les différents services de communication convergent et se retrouvent sur des réseaux autrefois distincts (téléphonie, téléphonie IP, Internet, télévision). Le guide UTE C 90-483 régit tous ces services et applications. Cet ouvrage en tient également compte.

Les évolutions de la norme électrique

La conformité

Dans le but de veiller à la conformité des installations, un organisme de vérification a été créé : le Consuel (Comité national pour la sécurité des usagers de l'électricité). Le Consuel intervient sur les installations neuves et dans les projets de rénovation. Par rénovation, on entend la rénovation totale d'une installation. Il est évident que si vous refaites l'installation d'une pièce, vous n'aurez pas besoin d'une vérification de vos travaux.

Lors d'une rénovation totale, quand l'on a besoin d'être raccordé au réseau public, le distributeur exige une attestation de conformité délivrée par le Consuel de votre région.

Si vous avez besoin d'électricité pour exécuter vos travaux, votre distributeur peut vous proposer un raccordement provisoire pour la durée des travaux. Le raccordement définitif ne sera réalisé qu'après l'obtention de l'attestation de conformité.

Le choix du matériel

Afin d'offrir une bonne qualité et de présenter de bonnes performances en toute sécurité, le matériel électrique que vous allez installer doit être conforme à la norme européenne EN ou aux normes françaises et être estampillé du logo NF ou NF USE.

Il existe un logo pour chaque type de matériel (luminaire, alarme, matériel électrique ou appareil de chauffage).

Le marquage CE atteste de la conformité d'un produit aux dispositions de la directive Basse Tension et/ou de la directive Compatibilité Electromagnétique en matière d'environnement électromagnétique. Le marquage CE ne garantit pas que les produits ont été préalablement testés en laboratoire et n'atteste pas d'un niveau de performance, ni d'une aptitude à la fonction, contrairement à la marque NF (figure ci-dessous).

Le choix des matériels électriques doit tenir compte également des influences externes auxquelles ils sont soumis. Cela permet d'assurer leur fonctionnement correct et l'efficacité des protections pour la sécurité. La norme NF EN 60529 (*Degré de protection des enveloppes des matériels électriques*) définit les degrés de protection qui caractérisent l'aptitude d'un matériel à supporter les deux influences externes suivantes :
– présence de corps solides ;
– présence d'eau.

Marquage des équipements normalisés

Logo NF USE apposé sur l'appareillage et les conducteurs.

Logo NF Électricité apposé sur les appareils électriques.

Logo NF Luminaires.

Logo NF A2P apposé sur les alarmes (le nombre de boucliers varie selon les performances du produit).

Marquage CE

Le marquage CE atteste la conformité du produit aux dispositions de la Directive Basse Tension et matière de sécurité et/ou de la Directive Compatibilité Électromagnétique en matière d'environnement électromagnétique. Il n'atteste pas la conformité du produit aux normes et ne garantit pas son niveau de performance ni son aptitude à la fonction.

Les cahiers du bricolage

Le choix du matériel

Caractéristiques des appareillages électriques en fonction de leur lieu d'installation		
Lieux ou emplacements d'installation	Degrés de protection minimaux requis	
	IP	IK
Locaux domestiques		
Auvents	24	07
Buanderie	23	02
Branchement eau, égout, chauffage	23	02
Cave, cellier, garage, local avec chaudière	20	02
Chambres	20	02
Couloirs de caves	20	07
Cours	24/25	02
Cuisine	20	02
Escaliers intérieurs, coursives intérieures	20	02
Escaliers extérieurs, coursives extérieures non couvertes	24	07
Coursives extérieures couvertes	21	02
Grenier (combles)	20	02
Jardins, abris de jardins	24/25	02
Lieux d'aisance (W.-C.)	20	02
Lingerie, salle de repassage	21	02
Rampes de garage	25	07
Salles d'eau, locaux contenant une douche ou une baignoire - volume 0 - volume 1 - volume 2 - volume 3	27 24 23 21	02 02 02 02
Salles de séjour, salon, salle à manger	20	02
Séchoirs	21	02
Sous-sol	21	02
Terrasse couverte	21	02
Toilette (cabinet de)	21	02
Véranda	21	02
Vide sanitaire	21	02
Exploitations agricoles		
Bergeries fermées	35	07
Bûchers	30	10
Chais	23	07
Écuries, étables	35	07
Greniers, granges, entrepôts de fourrage et de paille	50	07

Les évolutions de la norme électrique

Cette protection est classifiée à l'aide d'un code de deux lettres (IP) et deux chiffres, suivis éventuellement d'une lettre additionnelle. Par exemple, sur un appareil figure l'annotation IP 24.
Les lettres IP signifient indice de protection. Le premier chiffre indique l'indice de protection (de 0 à 6) contre la pénétration de corps solides et contre l'accès aux parties dangereuses. Le deuxième chiffre indique l'indice de protection (de 0 à 8) contre la pénétration de l'eau.

Il existe également le code IK servant à définir le degré de protection contre les chocs mécaniques (norme NF EN 50102). Les indices vont de 0 (pas de protection) à 9 (protection aux chocs de 10 joules).

Toutes ces indications sont utiles pour savoir quel matériel peut être installé dans la salle d'eau ou dans d'autres situations particulières (buanderie, extérieur). Le tableau ci-contre présente les degrés de protection minimaux requis selon les lieux d'installation.

Les pièces

La norme prévoit désormais un minimum de points d'éclairage et de prises de courant. Elle précise leur emplacement. Dans les chambres, séjour et cuisine, le point d'éclairage doit être situé au plafond. Des appliques ou des prises commandées sont envisageables en complément. Dans le cas d'une rénovation, si le point d'éclairage au plafond n'est pas réalisable, il doit être remplacé par deux appliques ou deux socles de prise de courant commandée.

Dans les toilettes, salles de bains, circulations et autres pièces, le point d'éclairage est possible au plafond ou en applique. Dans les logements de 35 m² et plus, il faut au minimum deux circuits d'éclairage.

L'installation des points d'éclairages s'effectue obligatoirement sur un boîtier équipé d'un DCL (Dispositif de Connexion pour Luminaire) permettant de brancher ou de débrancher le luminaire sans accès possible aux conducteurs de l'installation. Le nombre minimal de prises de courant est également prévu par la norme.

Couloirs et circulations

L'équipement minimal imposé par la norme n'est pas restrictif et l'on peut envisager d'autres solutions plus confortables. Il faut au minimum un point d'éclairage au plafond ou en applique, commandé soit par un dispositif de commande manuelle sans voyant lumineux situé à moins d'un mètre de chaque accès, soit à l'aide d'un dispositif de commande manuelle à voyant lumineux placé à moins de deux mètres de chaque accès, soit par un système automatique à détection de présence.

Les cahiers du bricolage

Dispositions concernant l'emplacement des appareillages de commande des couloirs et circulations

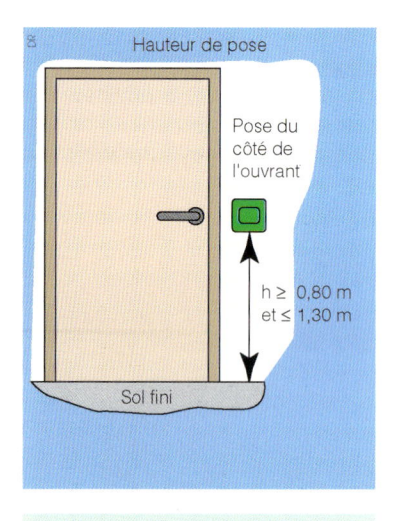

Hauteur de pose

Pose du côté de l'ouvrant

h ≥ 0,80 m et ≤ 1,30 m

Sol fini

Couloirs et circulations

< 1 m

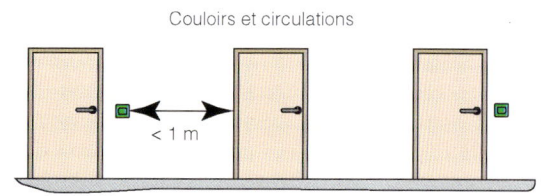

Prévoyez un dispositif de commande manuelle à moins d'un mètre de chaque accès...

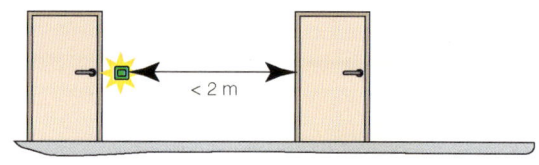

< 2 m

ou un dispositif de commande manuelle à voyant lumineux à moins de deux mètres de chaque accès...

Dans l'optique d'une installation future de dispositifs à détection de présence en remplacement de systèmes manuels, il est recommandé de distribuer un conducteur de neutre (laissé en attente) dans chaque boîtier de point de commande.

... ou utilisez des interrupteurs automatiques à détection de présence.

En ce qui concerne les prises de courant, la norme prévoit un minimum d'une prise pour tout local de plus de 4 m² et dans chaque circulation.

Chambres

L'équipement minimum prévu par la norme est un point d'éclairage en plafond qui peut être remplacé en cas d'impossibilité par deux points en applique ou deux prises de courant commandées.

La pièce doit être équipée de trois socles de prise de courant au minimum répartis dans toute la pièce et d'une prise de communication située à côté d'une des prises de courant.

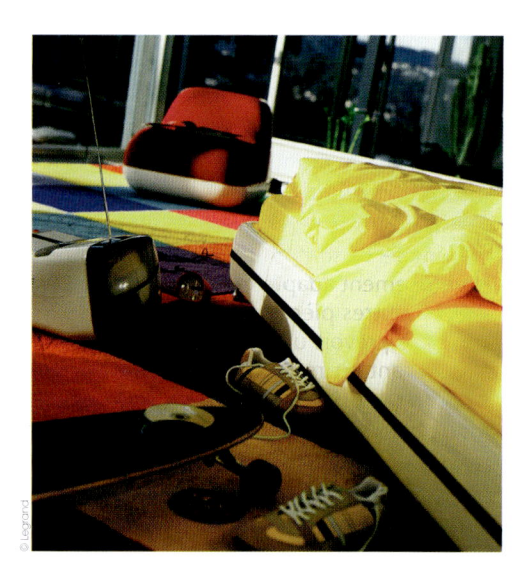

Les évolutions de la norme électrique

Salon

L'équipement minimum prévu par la norme consiste en un socle de prise de courant par tranche de 4 m^2 de surface avec un minimum de cinq socles de prise. Par exemple, pour un séjour de 25 m^2, il faut installer sept socles de prise. Il faut au minimum une prise de communication placée à proximité d'une prise de courant et d'une prise de télévision, dans un emplacement non occulté par une porte.
Il faut au moins un point d'éclairage en plafond qui peut être remplacé en cas d'impossibilité par deux points en applique ou deux prises de courant commandées.

Cuisine

Du fait de la présence d'eau, la cuisine est une pièce à risque. Comme les appareils électroménagers y sont nombreux, elle nécessite un équipement adapté et plus important que dans les autres pièces.
La norme prévoit un équipement minimum comprenant au moins un point lumineux en plafond qui peut être remplacé en cas d'impossibilité par deux points en applique ou deux prises de courant commandées. Au moins six socles de prise doivent être installés, dont quatre au-dessus du plan de travail. L'axe des alvéoles des prises est alors compris entre 8 et 25 cm de la surface du plan de travail. Leur répartition doit permettre l'utilisation aisée des appareils en évitant la circulation des câbles notamment au-dessus de l'évier et des plaques de cuisson.
Il est interdit de placer des prises de courant au-dessus des bacs de l'évier et de la table de cuisson. Néanmoins, un socle supplémentaire peut être placé au-dessus de la plaque de cuisson s'il est situé au moins à 1,80 m du sol fini et uniquement dédié à l'alimentation de la hotte aspirante.
Pour les cuisines inférieures à 4 m^2, trois socles de prise de courant seulement sont admis.

Les cahiers du bricolage

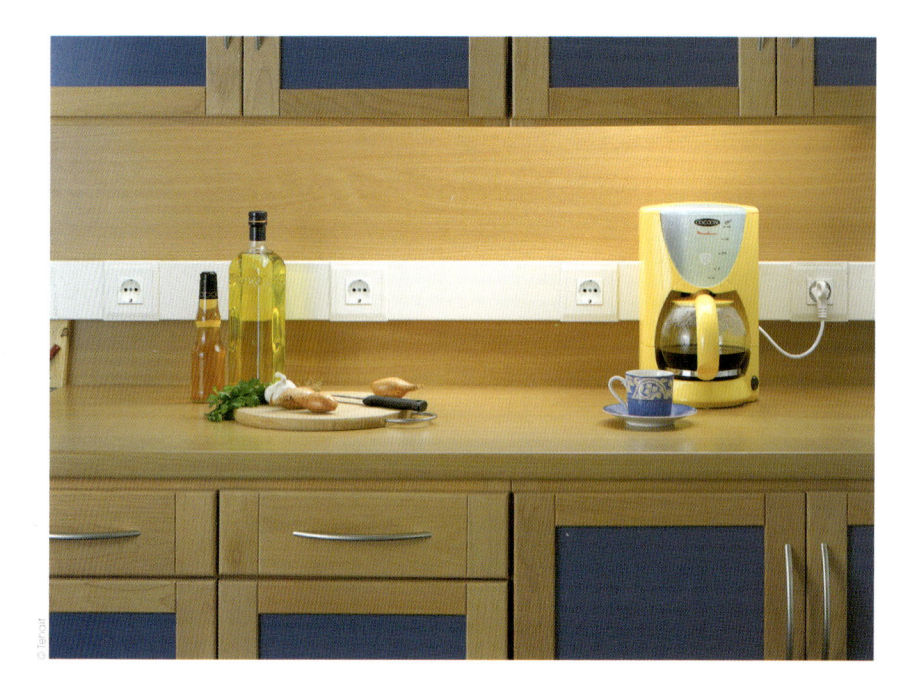

Chaque appareil électroménager de forte puissance doit être alimenté par un circuit spécialisé, c'est-à-dire une ligne indépendante provenant directement du tableau de répartition. La norme prévoit un minimum de quatre circuits spécialisés (ou plus si vous connaissez l'emplacement définitif des appareils), dont l'un pour les plaques de cuisson ou la cuisinière électrique (à prévoir même si vous utilisez une autre énergie). Cette ligne aboutit à une boîte de connexion ou un socle de prise courant de 32 A en monophasé ou 20 A en triphasé. Les trois autres seront consacrés à l'alimentation d'au moins trois des appareils suivants :
- le lave-linge,
- le lave-vaisselle,
- le sèche-linge,
- le four,
- le congélateur.
Pour le lave-linge et le lave-vaisselle, il est conseillé d'installer les socles de prise de courant à proximité de leurs arrivée et évacuation d'eau. Si l'emplacement du congélateur est défini, il convient de prévoir un circuit spécialisé protégé par un dispositif différentiel 30 mA spécifique à immunité renforcée afin d'éviter les coupures indésirables.
Dans les logements T1, trois circuits spécialisés seulement sont admis (un circuit de 32 A et deux circuits de 16 A) si le logement n'est pas pourvu (par exemple, dans le cas d'une location vide).
D'autres équipements nécessitent une ligne spécialisée comme le chauffe-eau électrique, la chaudière, la climatisation, etc.
Il est interdit de placer des prises téléphoniques à moins d'un mètre de l'évier et de la table de cuisson. Elles peuvent être installées au niveau du plan de travail à une hauteur minimale de 8 cm.
Dans la plupart des cas, la cuisine est équipée. Il est donc nécessaire de faire le plan de celle-ci afin de pouvoir définir précisément l'emplacement des alimentations électriques.

Les évolutions de la norme électrique

Extérieur

La norme prévoit un éclairage extérieur automatique par détection de présence ou commandé manuellement au-dessus de chaque issue principale ou secondaire.

Pour la sécurité, toutes les lignes extérieures doivent être protégées par un dispositif 30 mA. Le matériel doit avoir un indice de protection contre l'eau IP 24 (IP 25 s'il y a risque d'arrosage au jet d'eau). Prévoyez des circuits spécialisés pour les alimentations extérieures (éclairage, portail automatique, etc.). Les circuits extérieurs sont soumis à des risques plus importants et leur mise hors service ne doit pas affecter les circuits intérieurs. Les boîtes DCL pour luminaires ne sont pas admises à l'extérieur. Pour l'installation de prises de courant extérieures, il est recommandé de les placer à une hauteur minimum de 1 m et d'installer un dispositif de coupure à voyant lumineux placé à l'intérieur du logement.

Pour le jardin et les abords de la maison, le détecteur de présence est pratique et sécurisant.

Les cahiers du bricolage

Salles d'eau

Nous allons aborder ici le problème de la pièce présentant le plus de risques dans la maison. Nous savons tous que l'eau, très conductrice, ne fait pas bon ménage avec l'électricité et que le corps humain immergé est lui aussi un très bon conducteur.
En conséquence, les règles et les normes établies pour cette pièce sont très strictes. Il est indispensable de les respecter à la lettre.

Les volumes
La norme distingue toujours quatre volumes dans les salles de bains et les pièces d'eau en fonction des risques, mais leur définition a changé, afin d'améliorer la sécurité en limitant la présence de matériels électriques à proximité des baignoires et des receveurs de douche.
Ces volumes sont établis pour les douches et baignoires quel que soit le local (une chambre, par exemple), mais ils ne concernent pas les autres équipements (bidets, lavabos). La nouvelle définition des volumes est la suivante :

Volume 0
C'est le volume intérieur de la baignoire ou du receveur de douche.

Volume 1
Ce volume est défini par :
– un plan vertical délimité par les bords extérieurs de la baignoire ou du receveur de douche, ou dans le cas d'une douche sans receveur, par un rayon de 0,60 m autour de la pomme de douche ;
– un plan horizontal situé à 2,25 m au-dessus du sol (ou du fond de la baignoire ou de la douche) ;
– le sol.

Volume 2
Ce volume est délimité par :
– la surface verticale extérieure du volume 1 et une surface parallèle à celle-ci et distante de 0,60 m ;
– un plan horizontal situé à 3 m au-dessus du sol ;
– le sol.
La zone située au-dessus du volume 1 jusqu'à une hauteur de 3 m est, par conséquent, en volume 2.

Volume 3
Ce volume est délimité par :
– le plan vertical extérieur du volume 2 et une surface parallèle distante de 2,40 m ;
– un plan horizontal situé à 2,25 m au-dessus du sol ;
– le sol.

Précisions supplémentaires :
– l'espace situé au-dessus des volumes 2 et 3 est considéré hors volume ;
– dans le cas d'un faux plafond fermé en volume 1 et 2, l'espace situé au-dessus de celui-ci est assimilé à un volume 3. Si le faux

14

Les évolutions de la norme électrique

Les volumes dans la salle de bains

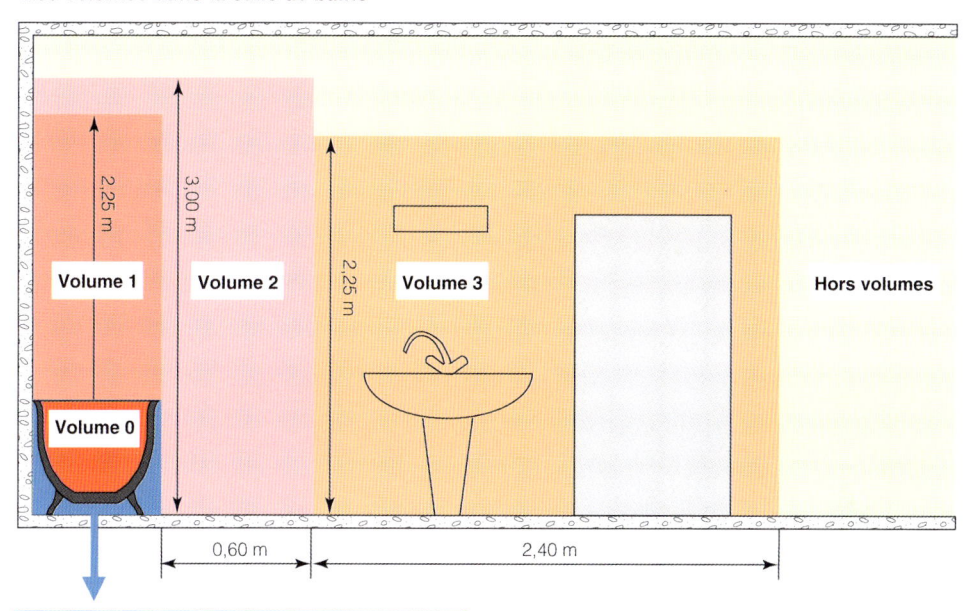

Volume 1 — 2,25 m
Volume 2 — 3,00 m
Volume 3 — 2,25 m
Volume 0
Hors volumes

0,60 m   2,40 m

Espace situé sous la baignoire (ou douche)

| Volume 3 | Si l'espace est fermé et seulement accessible à l'aide d'une clé ou d'un outil. |
| Volume 1 | Dans tous les autres cas. |

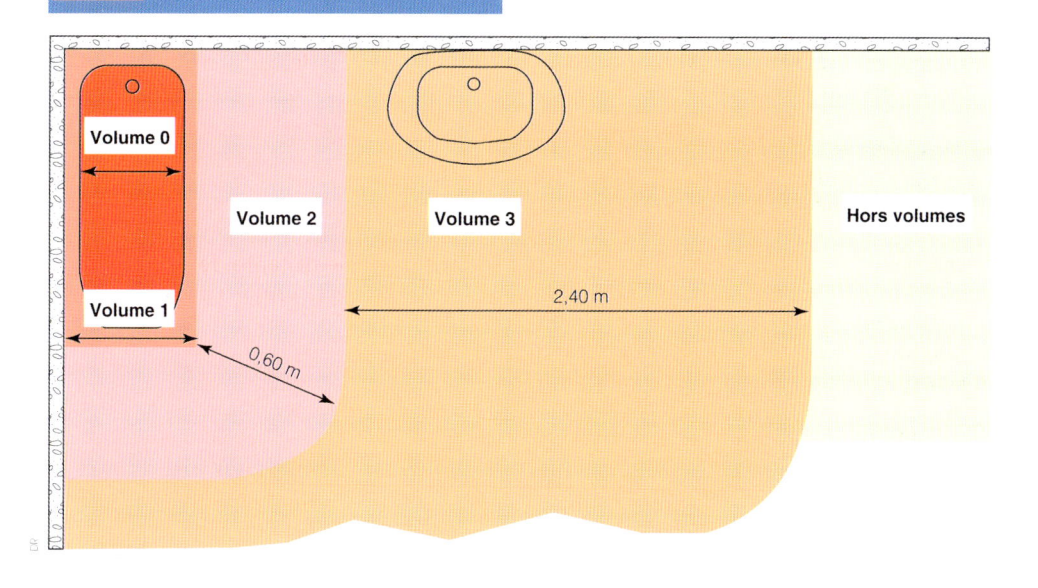

Volume 0
Volume 1
Volume 2
Volume 3
Hors volumes

0,60 m   2,40 m

Les pièces

Les cahiers du bricolage

Autres exemples et cas particuliers

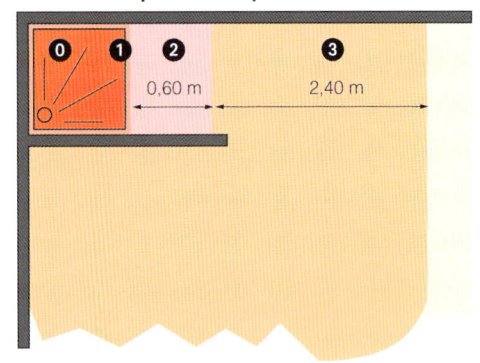

Douche avec paroi fixe débordante

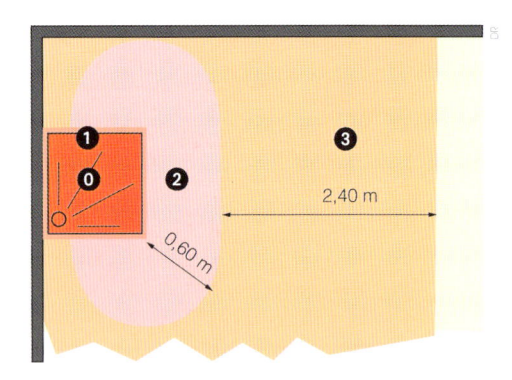

Cabine de douche préfabriquée

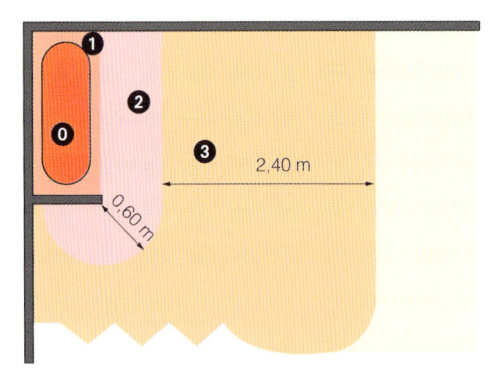

Baignoire ou douche avec paroi fixe

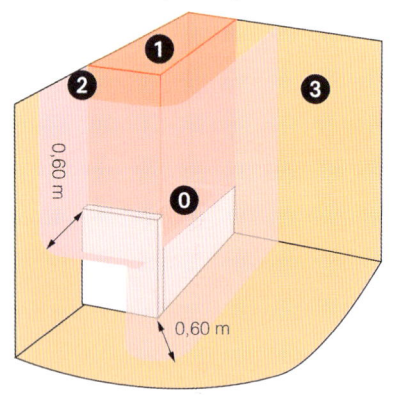

Variante avec paroi fixe n'atteignant pas le plafond

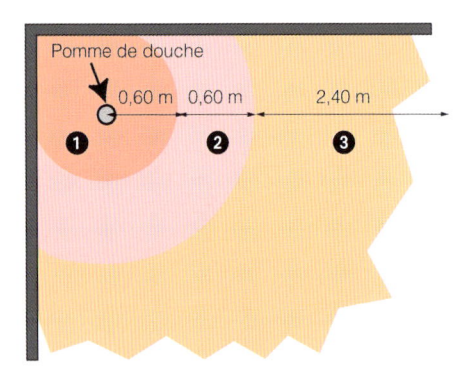

Douche sans receveur (pomme de douche fixe)

Douche sans receveur (pomme de douche mobile)

0 Volume 0 **1** Volume 1 **2** Volume 2 **3** Volume 3

Les évolutions de la norme électrique

plafond est ajouré, le volume 1 ou 2 continue de s'appliquer ;
– l'espace situé sous la baignoire ou la douche et leurs côtés est assimilé au volume 3 s'il est fermé et accessible par une trappe ouvrable uniquement à l'aide d'un outil.

Sinon, les règles du volume 1 s'appliquent dans cette zone. Les équipements installés à cet endroit (par exemple, un système de balnéothérapie) doivent posséder un degré minimal de protection IP X3.
L'utilisation d'une paroi fixe et non démontable réduit sensiblement le volume 2. Attention, les cabines de douche n'entrent pas dans ce cadre.
Dans le cas d'une douche sans receveur, le volume 1 est défini de deux manières différentes :
– si la pomme de douche est fixe, le volume 1 sera défini par un cylindre de 0,60 m centré sur la pomme ;
– si la pomme de douche est fixée au bout d'un flexible, le volume 1 sera défini par un cylindre de 1,20 m de diamètre centré sur l'origine du flexible.

La liaison équipotentielle supplémentaire

Une autre mesure de protection est obligatoire dans la salle de bains : c'est la liaison équipotentielle supplémentaire. Elle consiste à relier entre eux tous les éléments conducteurs et toutes les masses des volumes 1 à 3 et à raccorder cette liaison à la prise de terre de votre installation. Cela a pour but de mettre au même potentiel tous les éléments conducteurs de la pièce et d'éviter ainsi tout risque de choc électrique en cas de contact direct ou indirect. Cette liaison équipotentielle est un raccordement supplémentaire, car il doit exister également une liaison équipotentielle principale. La liaison équipotentielle principale est réalisée au niveau de l'immeuble s'il est récent, ou bien vous devrez la créer si vous habitez une maison individuelle. Il faut relier toutes les conduites métalliques (à leur pénétration dans la maison pour celles qui proviennent de l'extérieur) et les éléments métalliques de la construction à la prise de terre.
La norme indique désormais comment doit être réalisée la liaison équipotentielle des salles d'eau. On peut utiliser soit :
– un conducteur dont la section est de 2,5 mm^2 s'il est protégé mécaniquement (posé sous conduit ou goulotte) ;
– un conducteur dont la section est de 4 mm^2 s'il n'est pas protégé mécaniquement et fixé directement aux parois (par exemple, au-dessus de la plinthe).

Les conducteurs ne doivent pas être noyés directement dans les parois. La liaison équipotentielle doit être réalisée à l'intérieur de la salle d'eau ou dans un local contigu en cas d'impossibilité.
Si vous disposez de plusieurs salles d'eau, chacune devra posséder sa propre liaison équipotentielle.
La liaison équipotentielle peut être réalisée en montage encastré, mais l'encastrement doit être effectué dans les parois de la salle d'eau selon les règles de pose des conduits encastrés.
S'il n'est pas obligatoire que la liaison soit visible dans son intégralité, il est recommandé de laisser ses connexions accessibles.

Les éléments suivants doivent être reliés à la liaison équipotentielle :
– les canalisations métalliques d'eau froide, d'eau chaude, de vidange et de gaz. Il n'est pas nécessaire de relier les robinets raccordés sur des canalisations isolantes ;
– les appareils sanitaires métalliques : d'une part le corps métallique de la baignoire, par exemple, au niveau des boulons de fixation des pieds et, d'autre part, la bonde de vidange métallique ou le siphon métallique ;
– les huisseries métalliques des portes, fenêtres et baies ;
– les armatures métalliques du sol ;

Les cahiers du bricolage

Liaison équipotentielle en série

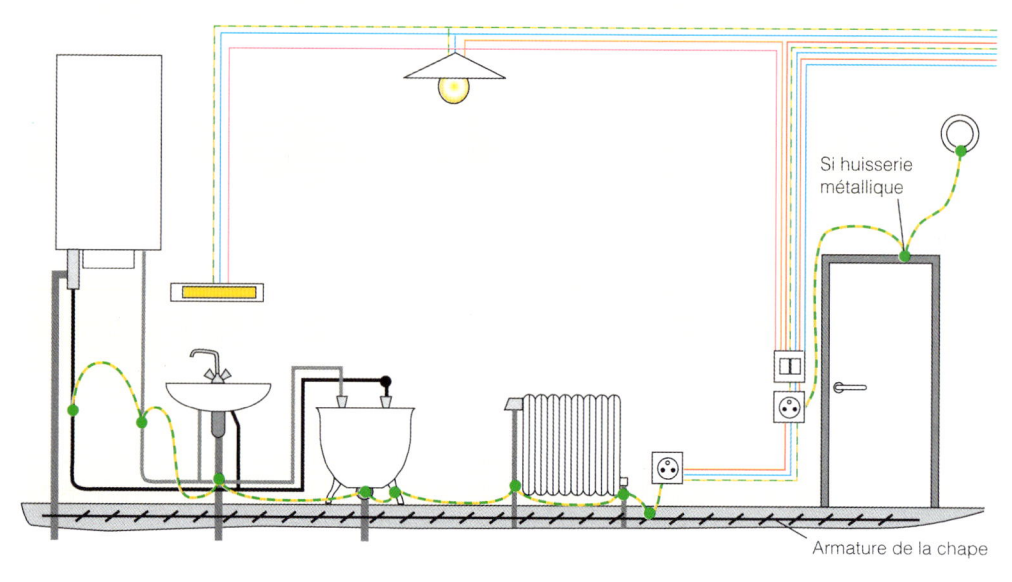

Si huisserie métallique

Armature de la chape

Liaison équipotentielle par boîte de connexion spécifique

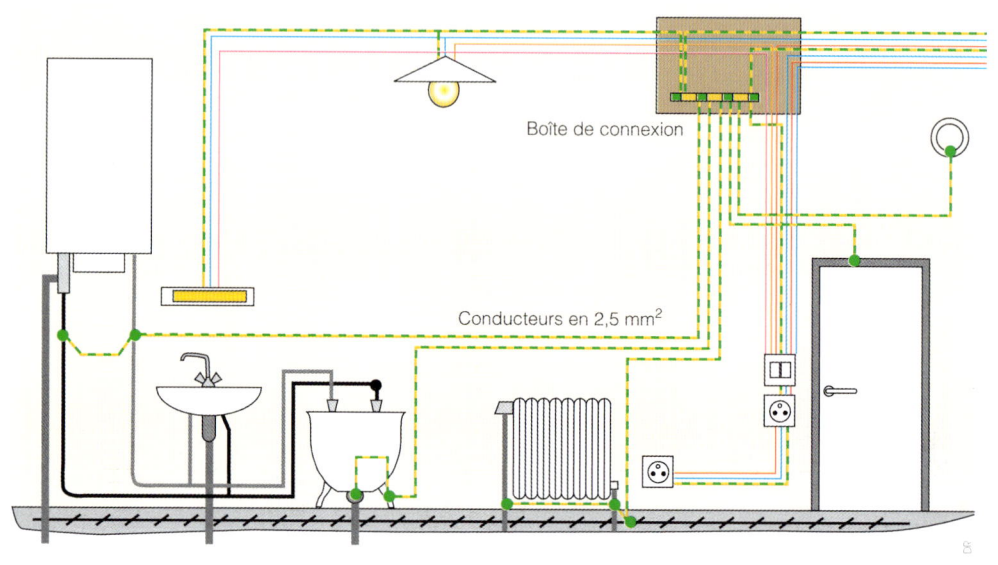

Boîte de connexion

Conducteurs en 2,5 mm^2

• Connexions

Les pièces

Les évolutions de la norme électrique

– les canalisations de chauffage central ou autres éléments chauffants comme les sèche-serviettes, quelle que soit la classe des matériels. Si les canalisations sont isolantes (PER, PVC-C…), il n'est pas nécessaire de les relier ;
– les bouches de VMC si le conduit principal, le piquage ou la bouche est métallique ;
– et bien entendu les prises de courant, luminaires (même s'ils sont placés au plafond), chauffages (sauf classe II) et armoires de toilette.
L'emploi de papiers peints métalliques est déconseillé dans la salle d'eau.
Il n'est pas nécessaire de relier :
– les grilles de ventilation naturelle ;
– les accessoires métalliques tels que le porte-serviette…

Ne négligez surtout pas la réalisation de cette liaison, elle est très importante pour la sécurité. La figure suivante présente des exemples de réalisation d'une liaison équipotentielle supplémentaire conforme à la norme. Les connexions peuvent être assurées par soudure, vissage ou serrage avec un collier spécial de liaison équipotentielle.

Les règles
Toutes les lignes alimentant la salle d'eau doivent être protégées par un ou plusieurs dispositifs différentiels à haute sensibilité (30 mA).

Dans le volume 0, les matériels électriques doivent avoir un degré de protection minimal de IP 27. Aucune canalisation électrique n'est admise, sauf en TBTS 12 V. Les boîtes de connexion et tous les appareillages sont interdits. Les seuls appareils autorisés sont ceux alimentés en TBTS, prévus spécialement pour les baignoires.

Le chauffe-eau électrique à accumulation dans la salle de bains

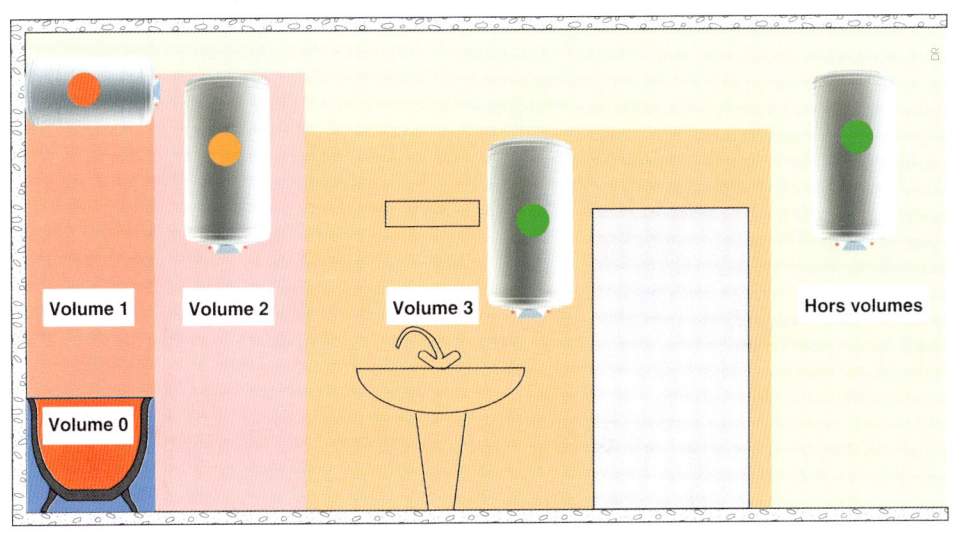

- Installation autorisée hors volumes et dans le volume 3.
  En cas d'impossibilité d'installation dans les volumes précédents :
- modèle vertical admis dans le volume 2 ;
- modèle horizontal (uniquement) admis dans le volume 1, si installé le plus haut possible.

Les cahiers du bricolage

Dans le volume 1, les matériels électriques doivent avoir un niveau de protection minimal de IP 24. Les canalisations électriques doivent être limitées à celles strictement nécessaires à l'alimentation des appareils situés dans ce volume. Les canalisations électriques doivent offrir une protection par double isolation ou une isolation renforcée et ne pas

Volumes de la salle d'eau		0	1	2	3
Degré de protection contre l'eau requis (IP)		7	4	3	1
Matériels	Protections				
Appareillage électrique					
Interrupteur	30 mA ou TRS [1]				
Interrupteur	TBTS 12 V [2]				
Prise rasoir de 20 à 50 VA	TRS [1]				
Prise de courant 2 P + Terre	30 mA				
Transformateur de séparation	30 mA				
Canalisations électriques				[3]	[3]
Boîtes de connexion					
Matériels d'utilisation					
Chauffe-eau instantané	Classe I + 30 mA			[4]	[4]
Chauffe-eau à accumulation vertical	Classe I + 30 mA				[4] [5]
Chauffe-eau à accumulation horizontal	Classe I + 30 mA		[4] [5] [6]	[4] [5]	
Appareil de chauffage	Classe I + 30 mA				
Appareil de chauffage	Classe II + 30 mA				
Chauffage par le sol	30 mA [7]				
Éclairage	TBTS 12 V	[8]	[8]	[8]	
Éclairage	Classe I + 30 mA				
Éclairage	Classe II + 30 mA				
Armoire de toilette	Classe II + 30 mA + prise TRS				
Lave-linge ou sèche-linge	Classe I + 30 mA [9]				

(1) TRS (transformateur de séparation des circuits).
(2) Le transformateur est placé en dehors des volumes 1 et 2.
(3) Seules sont autorisées les canalisations alimentant des appareils situés dans ces volumes.
(4) L'appareil doit être raccordé au réseau hydraulique par des canalisations métalliques fixes.
(5) Autorisé si les dimensions de la salle d'eau ne permettent pas une installation en volume 3 ou hors volumes.
(6) L'appareil doit être installé le plus haut possible.
(7) Le câble chauffant doit être recouvert d'un grillage métallique raccordé à la terre ou doit comporter un revêtement métallique relié à la terre, relié également à la liaison équipotentielle locale de la salle de bains.
(8) Le transformateur doit être installé en dehors des volumes 1 et 2.
(9) L'appareil est alimenté par une ligne spécialisée. La prise de courant doit se situer à proximité des arrivées et évacuations d'eau. La machine ne doit pas être placée à moins de 60 cm de la baignoire ou de la douche.

■ Interdit
■ Autorisé

Les évolutions de la norme électrique

comporter de revêtement métallique. Elles peuvent être des conducteurs isolés placés dans des goulottes isolantes ou des câbles multiconducteurs avec une gaine isolante.
Les boîtes de connexion sont interdites. Aucun appareillage ne peut être installé, sauf les interrupteurs de circuits alimentés en TBTS (12 V ~ max.) dont la source est située hors des volumes 0 à 2.
Si les dimensions de la salle d'eau n'autorisent pas l'installation du chauffe-eau à accumulation dans le volume 3 ou hors volumes, il est possible de l'installer dans le volume 1 sous plusieurs conditions :
– s'il est horizontal et posé le plus haut possible ;
– si les canalisations d'eau sont en matériau conducteur ;
– si le chauffe-eau est protégé par un dispositif différentiel haute sensibilité de 30 mA.
Les chauffe-eau électriques instantanés sont autorisés s'ils sont raccordés à des canalisations d'eau conductrices et protégés par un dispositif différentiel haute sensibilité de 30 mA.

Dans le volume 2, les matériels électriques doivent avoir un niveau de protection minimal de IP 23. Les canalisations électriques doivent être limitées à celles strictement nécessaires à l'alimentation des appareils situés dans ce volume.
Seules les boîtes de connexion permettant le raccordement des appareils de ce volume sont autorisées, à condition qu'elles soient dissimulées par ces mêmes appareils. Aucun appareillage ne peut être installé, sauf les interrupteurs de circuits alimentés en TBTS (12 V ~ max.) dont la source est située hors des volumes 0 à 2.
Les luminaires ou les appareils de chauffage peuvent y être installés à condition qu'ils soient de la classe II et protégés par un dispositif différentiel haute sensibilité de 30 mA. Ces appareils ne doivent pas être installés sur les tabliers de baignoire, les paillasses et les niches des baignoires et des douches. Les appareils d'éclairage peuvent comporter une prise de courant sans borne de terre si elle est alimentée par un transformateur de séparation. Cette règle vaut également pour les armoires de toilette.
Si les dimensions de la salle d'eau n'autorisent pas l'installation du chauffe-eau à accumulation dans le volume 3 ou hors volumes, il est possible de l'installer dans le volume 2 sous plusieurs conditions si :
– les canalisations d'eau sont en matériau conducteur ;
– le chauffe-eau est protégé par un dispositif différentiel haute sensibilité de 30 mA.
Les chauffe-eau électriques instantanés sont autorisés s'ils sont raccordés à des canalisations d'eau conductrices et protégés par un dispositif différentiel haute sensibilité de 30 mA.
Un socle de prise de courant pour rasoir est autorisé s'il est alimenté par un transformateur de séparation, a une puissance comprise entre 20 et 50 VA et est conforme à la norme NF EN 61558-2-5. Elle peut présenter exceptionnellement un degré d'IP 20.

Dans le volume 3, les matériels électriques doivent avoir un niveau de protection minimal de IP 21. Les canalisations électriques doivent offrir une protection par double isolation ou une isolation renforcée et ne pas comporter de revêtement métallique. Elles peuvent être des conducteurs isolés et placés dans des goulottes isolantes ou des câbles multiconducteurs avec une gaine isolante.
Les socles de prise de courant, les interrupteurs, autres appareillages et appareils d'utilisation sont autorisés s'ils sont alimentés soit individuellement par un transformateur de séparation, soit en TBTS, soit protégés par un dispositif différentiel haute sensibilité de 30 mA.

Cas particulier : lorsqu'une canalisation traversant une paroi de la salle de bains est

Les cahiers du bricolage

protégée par un conduit métallique, il n'est pas nécessaire de la relier à la liaison équipotentielle de la salle d'eau. Les éléments électriques chauffants noyés dans le sol peuvent être installés en-dessous des volumes 2 et 3 et hors volumes à condition qu'ils soient recouverts d'un grillage métallique relié à la terre ou qu'ils comportent un revêtement métallique relié à la terre et par conséquent à la liaison équipotentielle de la salle d'eau.

Dans la pièce d'eau, la norme exige au minimum un point lumineux en plafond ou en applique et un socle de prise de courant si la surface est supérieure à 4 m^2. Le guide UTE C 90-483 préconise également une prise de communication, hors des volumes 0 à 2.

Les prises de courant

Seules les prises disposant d'un contact pour le conducteur de protection (terre) sont autorisées. Les prises normalisées sont équipées d'un système qui obstrue les alvéoles en cas de non utilisation pour éviter toute introduction d'objets par un enfant. Depuis juin 2004, la norme exige ce type de prise avec obturation. Seules les prises de type rasoir avec transformateur de séparation sont dispensées de cette obligation.
Les socles de prise de courant ne doivent pas pouvoir à l'usage se séparer de leur support et rendre accessible les bornes des conducteurs d'alimentation. C'est pourquoi, depuis juin 2004, les prises de courant à fixation par griffe sont interdites.
La hauteur d'installation des prises est également normalisée :
- les prises 16 A + terre et 20 A + terre sont installées de façon à ce que la distance entre l'axe des alvéoles et le sol soit au minimum de 5 cm ;
- les prises 32A + terre sont installées à un minimum de 12 cm du sol par rapport à l'axe de leurs alvéoles.

Choix des prises de courant

Les socles de prises de courant à fixation par griffes sont interdites depuis juin 2004.

Les prises de courant doivent être équipées de dispositifs d'obturation des alvéoles (excepté les prises rasoir).

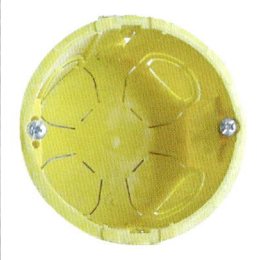

Utilisez des boîtiers pour fixation de l'appareillage à vis.

Ces valeurs sont minimales, rien ne vous empêche de les installer plus haut. Dans une installation encastrée, installer les prises à 25 ou 30 cm du sol facilite leur utilisation.

Comme tous les circuits, les circuits alimentant des prises de courant sont protégés à leur origine par un DDR ou dispositif différentiel à haute sensibilité (30 mA) de type AC. Les circuits de prise de courant dédiés à la plaque de cuisson, au lave-linge et appareils

Les évolutions de la norme électrique

Hauteur minimale des socles de prises de courant

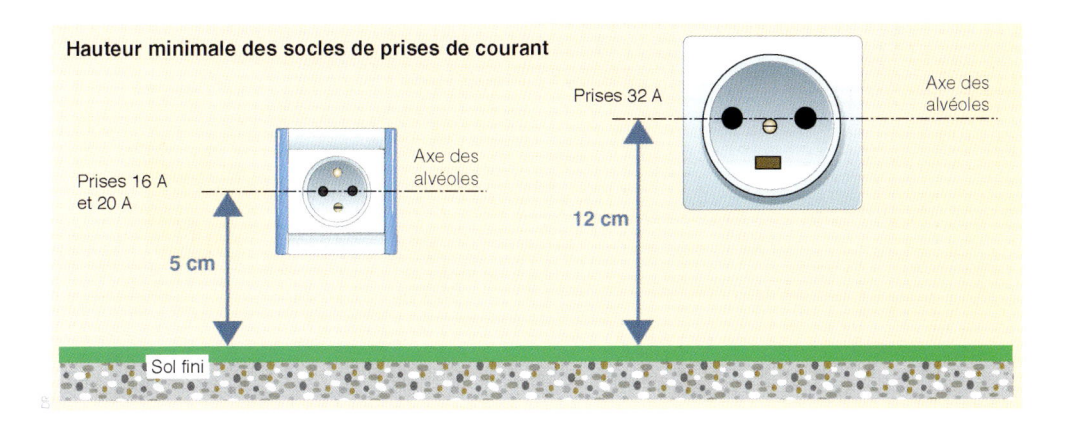

- Prises 16 A et 20 A : Axe des alvéoles à 5 cm du sol fini
- Prises 32 A : Axe des alvéoles à 12 cm du sol fini

de même type doivent désormais être protégés par un DDR 30 mA de type A.
Lorsque les prises de courant sont fixées sur des goulottes ou des plinthes, elles doivent être solidaires de leur socle.
Au moins un socle de prise de courant doit être installé près de chaque prise de communication (télévision, téléphone). De même, la GTL doit comporter au minimum deux prises de courant pour pouvoir alimenter des appareils de communication.

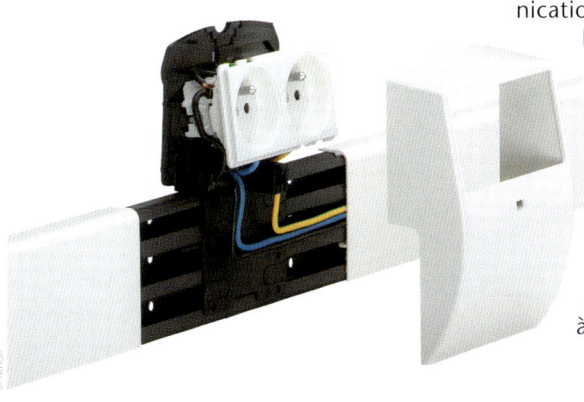

Lorsqu'une prise est placée à l'extérieur, il est conseillé d'installer, à l'intérieur de l'habitation, un dispositif de coupure (par exemple un interrupteur bipolaire) couplé à un voyant de signalisation.

Emplacements spéciaux

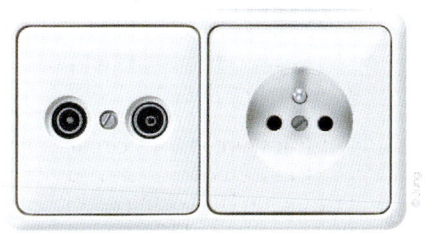

Au moins un socle de prise de courant doit être placé à proximité de chaque prise de communication et de télévision.

Les prises de courant

23

Les cahiers du bricolage

Solution 1 (Conducteurs en 2,5 mm²)

Alimentation
Neutre
Phase

Disjoncteur divisionnaire 20 A ou fusible 16 A

Terre

Interrupteur différentiel 30 mA de **type AC**

Tableau de répartition

Conducteurs en 2,5 mm²

Phase
Terre
Neutre

8 socles de prises de courant maximum

Solution 1 (Conducteurs en 1,5 mm²)

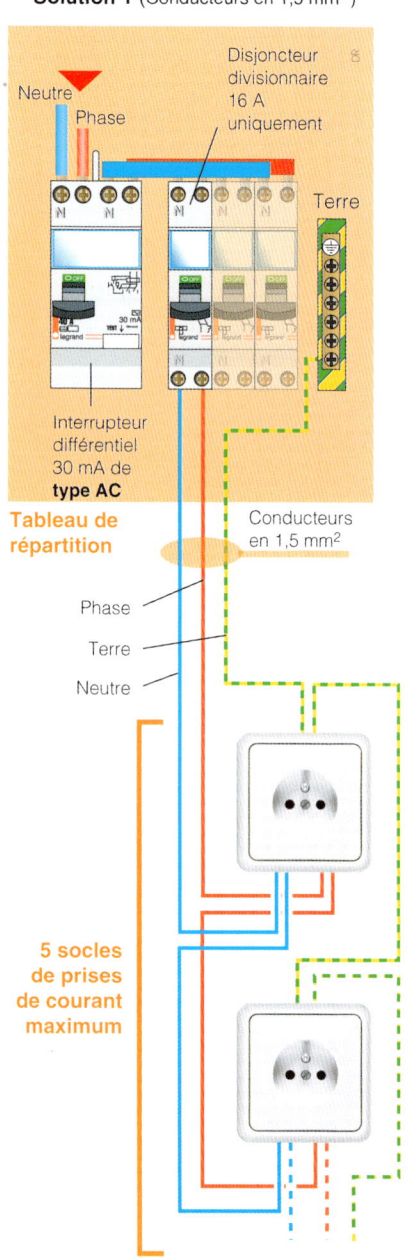

Neutre
Phase

Disjoncteur divisionnaire 16 A uniquement

Terre

Interrupteur différentiel 30 mA de **type AC**

Tableau de répartition

Conducteurs en 1,5 mm²

Phase
Terre
Neutre

5 socles de prises de courant maximum

Les prises de courant

24

Les évolutions de la norme électrique

Prises directes non spécialisées

Prises de courant 16 A - 2P + T

Dorénavant, chaque circuit de prises 16 A + terre peut alimenter au maximum :
- cinq socles ou points d'utilisation si la section d'alimentation des conducteurs est de 1,5 mm^2 ;
- huit socles ou points d'utilisation lorsque la section des conducteurs est de 2,5 mm^2.

S'il est alimenté par des conducteurs de 1,5 mm^2 de section, un circuit de prises de courant est protégé contre les courts-circuits et les surintensités par un disjoncteur divisionnaire de 16 A. Dans ce cas, la protection par fusibles est interdite.

S'il est alimenté par des conducteurs de 2,5 mm^2 de section, un circuit de prises de courant est protégé contre les courts-circuits et les surintensités par un coupe-circuit à cartouche fusible de 16 A ou un disjoncteur divisionnaire de 20 A.

Respectez le code habituel des couleurs pour les conducteurs :
- bleu pour le neutre ;
- bicolore (vert et jaune) pour le conducteur de protection (terre) ;
- toutes couleurs pour la phase, sauf celles citées précédemment ainsi que le vert et le jaune. Généralement, on utilise le rouge, le noir ou le marron.

La nouvelle norme précise les équivalences pour les prises de courant groupées dans un même boîtier. Un socle à prise double compte pour un point d'utilisation. Si vous installez trois ou quatre socles de prise de courant dans une même boîte, cela équivaut à deux points d'utilisation.

Les prises peuvent être reprises les unes sur les autres : c'est la technique du repiquage.

Il est également possible de distribuer les circuits de prises de courant à partir de boîtes de dérivation.

Prises commandées

Le principe consiste à commander le conducteur de phase par un interrupteur de façon à assurer la mise en fonction et l'arrêt de l'appareil raccordé sur la prise (lampadaire ou lampe de chevet) par l'intermédiaire d'un interrupteur.

En complément du DDR 30 mA, la protection contre les surintensités et les courts-circuits est assurée par un coupe-circuit à fusible de 10 A ou un disjoncteur divisionnaire de 16 A.

Les conducteurs doivent avoir une section de 1,5 mm^2. Les socles de prise de courant commandée sont considérés comme des points d'éclairage fixes. Par conséquent, il

Décompte des socles de prises de courant placés dans un même boîtier

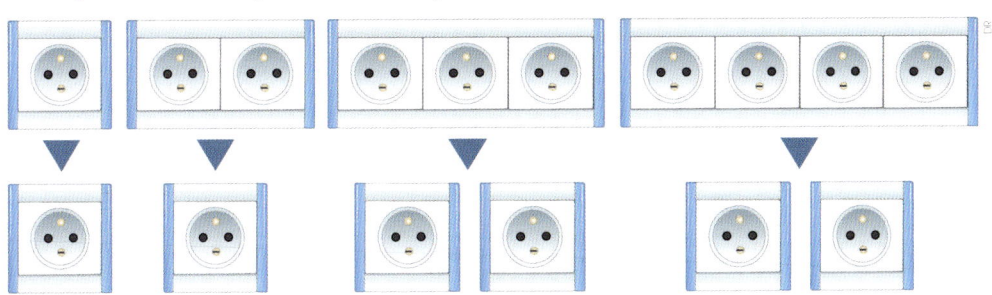

Au-delà de 4 prises dans un même boîtier, l'équivalence est de 3 socles.

Les cahiers du bricolage

Prises commandées par un interrupteur

Alimentation
Neutre
Phase

Disjoncteur divisionnaire 16 A ou fusible 10 A

Terre

Interrupteur différentiel 30 mA de **type AC**

Tableau de répartition

Conducteurs en 1,5 mm²

Phase
Neutre
Terre

Interrupteur...

Interrupteur simple

Raccordement

... ou variateur

2 socles de prises de courant maximum

Prises commandées par un télérupteur

Alimentation
Neutre
Phase

Disjoncteur divisionnaire 16 A ou fusible 10 A

Télérupteur modulaire unipolaire 230 V

Terre

Interrupteur différentiel 30 mA de **type AC**

Retour boutons

Conducteurs en 1,5 mm²

Phase

Bouton-poussoir

Retour lampe

Raccordement

Phase — Retour boutons

Neutre
Terre

Vers autres prises

Plus de deux prises autorisées

Les prises de courant

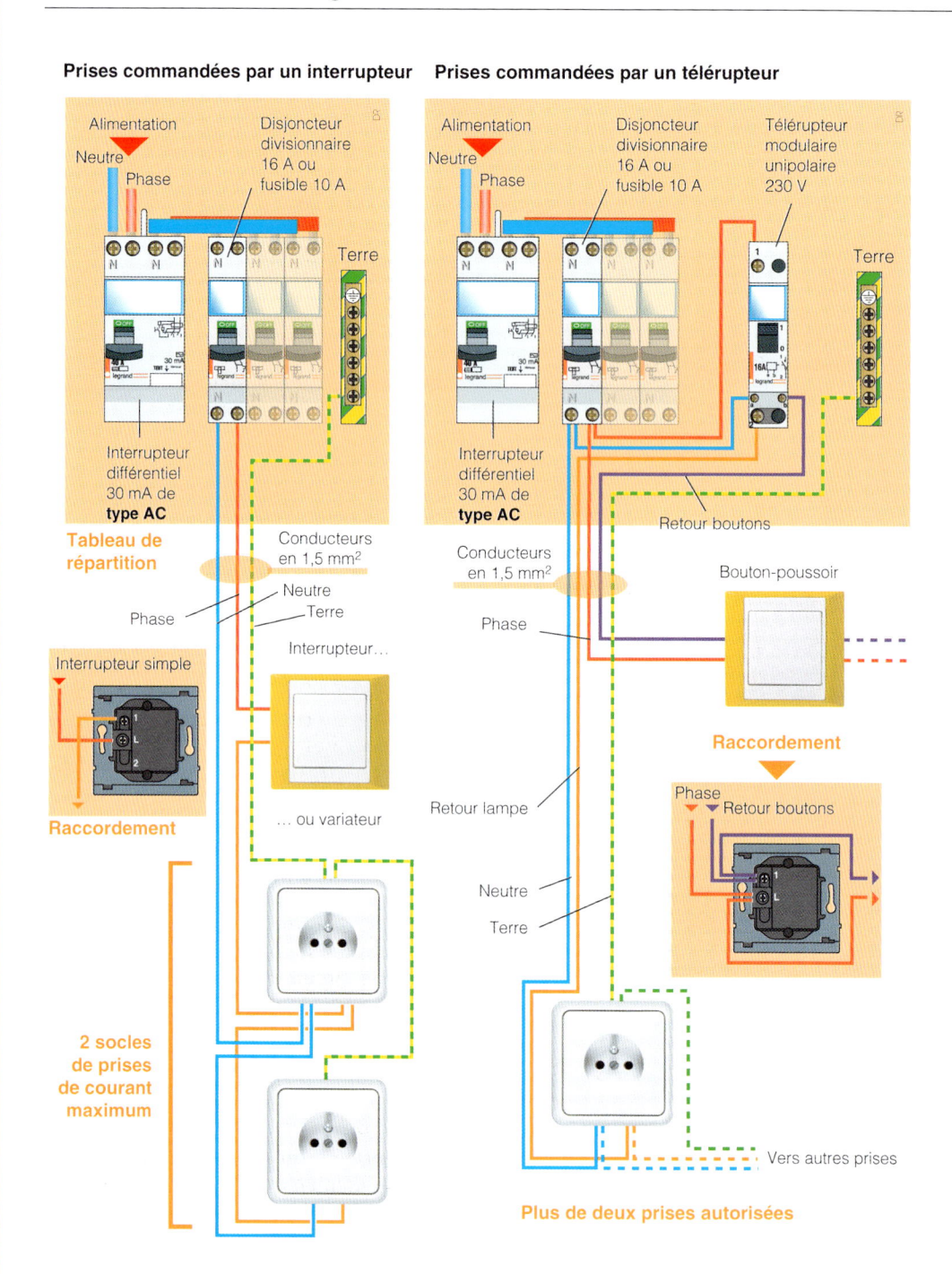

Les évolutions de la norme électrique

faut les alimenter par les circuits d'éclairage de l'installation. La nouvelle norme précise qu'un interrupteur peut commander au maximum deux socles de prise de courant à condition qu'ils soient situés dans la même pièce. Pour commander plus de deux socles, il faut installer un télérupteur. Chaque prise de courant commandée compte pour un point d'utilisation.

Il est possible de commander individuellement deux socles situés dans une même pièce grâce à un commutateur double allumage. De même, ils peuvent être commandés par un va-et-vient.

Il est recommandé de repérer les socles de prise de courant commandée avec une étiquette spéciale.

Les prises et les circuits spécialisés

Chaque appareil électroménager de forte puissance doit être alimenté par un circuit spécialisé. Dorénavant, la norme détermine le nombre minimal de ces circuits à installer.

Il en faut au moins quatre : un pour l'alimentation de la cuisinière ou de la plaque de cuisson électrique (même si une autre énergie est prévue) et trois circuits spécialisés de 16 A en prévision de l'alimentation d'appareils tels que le lave-linge, le lave-vaisselle, le sèche-linge, le four et le congélateur. Pour un logement de type T1, la norme requiert trois circuits spécialisés, un de 32 A et deux de 16 A.

D'autres appareils requièrent également des circuits spécialisés :
- les chauffe-eau électriques ;
- la chaudière et ses auxiliaires ;
- la pompe à chaleur ;
- la climatisation ;
- l'appareil de chauffage des salles d'eau ;
- la piscine ;
- la VMC ;
- les automatismes domestiques (alarme) ;
- les circuits extérieurs (éclairage, portail automatique, etc.).

Lave-linge, lave-vaisselle, sèche-linge, four

Chacun de ces circuits indépendants est alimenté avec des conducteurs de 2,5 mm^2. Ils alimentent des prises de type 16 A + terre, réservées au raccordement de ces appareils.

La protection des personnes est assurée par un DDR 30 mA. Il doit être de type A pour le lave-linge et de type AC pour les autres appareils. La protection contre les courts-circuits et les surintensités est assurée par un coupe-circuit à fusible de 16 A ou un disjoncteur divisionnaire de 20 A.

Les fours à micro-ondes peuvent être raccordés sur n'importe quelle prise 16 A + terre, leur consommation n'étant pas excessive.

Congélateur, informatique

L'alimentation du congélateur est réalisée avec des conducteurs de 2,5 mm^2, par l'intermédiaire d'une prise de courant de type 16 A + terre.

Les cahiers du bricolage

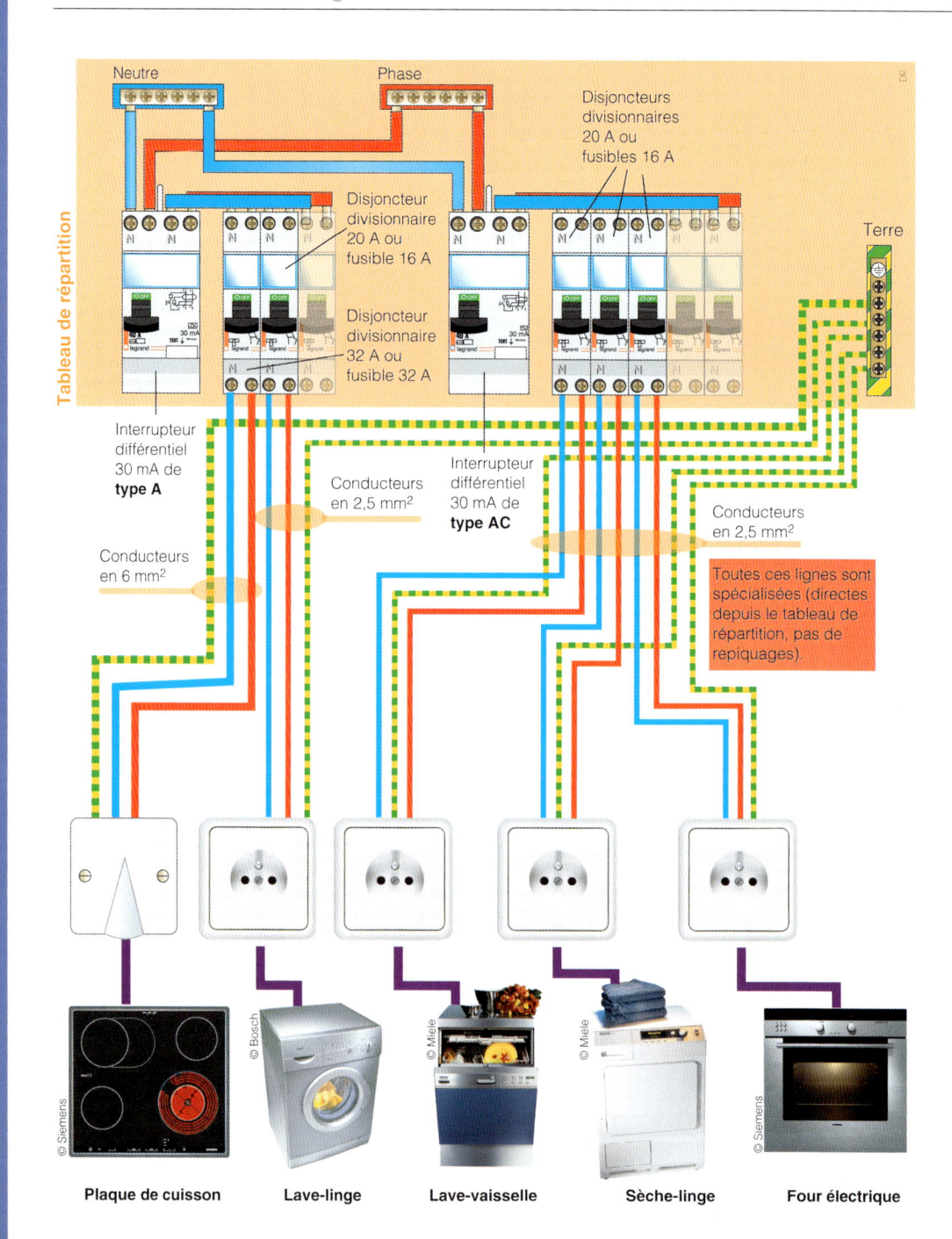

Neutre — Phase

Disjoncteurs divisionnaires 20 A ou fusibles 16 A

Tableau de répartition

Disjoncteur divisionnaire 20 A ou fusible 16 A

Disjoncteur divisionnaire 32 A ou fusible 32 A

Terre

Interrupteur différentiel 30 mA de **type A**

Conducteurs en 2,5 mm^2

Interrupteur différentiel 30 mA de **type AC**

Conducteurs en 2,5 mm^2

Conducteurs en 6 mm^2

Toutes ces lignes sont spécialisées (directes depuis le tableau de répartition, pas de repiquages).

Plaque de cuisson — **Lave-linge** — **Lave-vaisselle** — **Sèche-linge** — **Four électrique**

Les prises de courant

28

Les évolutions de la norme électrique

La protection contre les surcharges, les courts-circuits et la sécurité des personnes est assurée par un disjoncteur différentiel 30 mA à immunité renforcée d'une intensité nominale de 20 A. Ainsi, la ligne du congélateur sera protégée indépendamment du reste de l'installation, ce qui évitera autant que possible son arrêt.
Cette solution convient également pour l'alimentation de circuits dédiés à l'informatique.

Plaques de cuisson, cuisinières
L'alimentation d'une plaque de cuisson tout électrique ou d'une cuisinière est réalisée avec des conducteurs de 6 mm^2. La protection est assurée par un coupe-circuit à fusible de 32 A ou un disjoncteur divisionnaire de 32 A couplé à un interrupteur différentiel de type A.
Le raccordement à l'installation est effectué soit par :
- une prise de courant de 32 A et la fiche correspondante ;
- une sortie de câble de caractéristiques identiques.

La sortie de câble est la plus utilisée, car elle évite les nombreuses connexions intermédiaires (comme dans le cas d'une prise et d'une fiche 32 A) et limite ainsi les risques de panne. En effet, ces appareils sont de gros consommateurs d'énergie et la moindre connexion mal réalisée serait très vite soumise à un échauffement qui entraînerait la destruction de la prise.

Les circuits d'éclairage

Les circuits d'éclairage doivent être alimentés avec des conducteurs de 1,5 mm^2 de section. La protection est assurée par :
- un dispositif différentiel de sensibilité 30 mA ;
- un coupe-circuit à fusible de 10 A ou un disjoncteur divisionnaire de 16 A.

Chaque circuit ne doit pas alimenter plus de huit points d'utilisation. Dans le cas de spots ou de bandeaux lumineux, on compte un point d'utilisation par tranche de 300 VA dans une même pièce.

Un conducteur de protection (terre) est systématiquement passé avec les conducteurs d'alimentation. Respectez le code des couleurs pour les conducteurs :
- bleu pour le neutre ;
- bicolore (jaune et vert) pour le conducteur de protection ;
- toutes couleurs (sauf celles citées précédemment ainsi que vert ou jaune) pour la phase. Généralement, on utilise le rouge, le noir ou le marron.

Les autres couleurs sont réservées au retour lampe (orange, par exemple), aux navettes des va-et-vient (violet ou noir, par exemple) et aux retours des boutons-poussoirs des télérupteurs. Attribuez les mêmes couleurs pour les mêmes fonctions dans toute votre installation (tous les retours lampe en orange, par exemple), cela facilitera le repérage des circuits.

La nouvelle norme prévoit un nombre minimal de points d'éclairage selon les pièces. Rappelons que toute canalisation encastrée doit aboutir dans une boîte. Cela vaut également pour les circuits d'éclairage qui doivent désormais aboutir dans une boîte DCL, sauf à l'extérieur et dans les volumes 0 à 2 des salles d'eau.

Dans les couloirs et les circulations, la nouvelle norme définit certaines règles pour leur emplacement. Les dispositifs de commandes doivent être placés près d'une porte, à portée de main, du côté de l'ouvrant, à une hauteur comprise entre 0,80 et 1,30 m. Nous vous conseillons d'adopter la hauteur moyenne de 1,10 m.

Les cahiers du bricolage

Les boîtes DCL

Boîte DCL pour plafonnier

Boîte DCL pour applique murale

Exemple d'installation d'une boîte DCL. La boîte doit être fixée à la structure du bâtiment (ici à l'aide d'une tige filetée) et pouvoir supporter une charge de 25 kg.

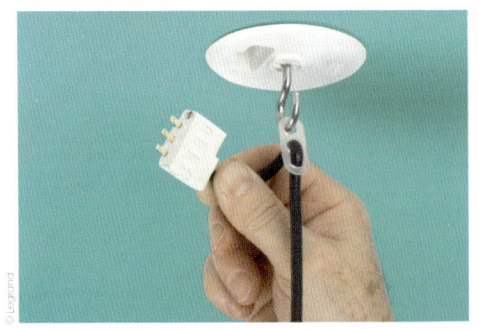

Il suffit de raccorder le câble du luminaire dans une fiche DCL.

Le raccordement et la dépose du luminaire sont facilités puisqu'il suffit de brancher ou retirer une fiche.

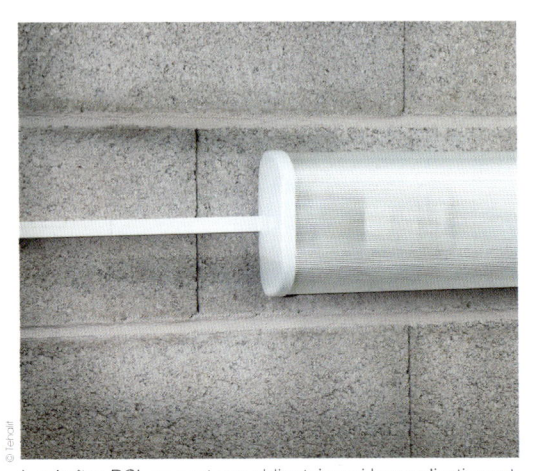

Les boîtes DCL ne sont pas obligatoires si la canalisation est en saillie et si le luminaire dispose de bornes de raccordement (réglette fluorescente, hublot, par exemple).

Les évolutions de la norme électrique

Schémas de principe des commandes d'éclairage

L'interrupteur

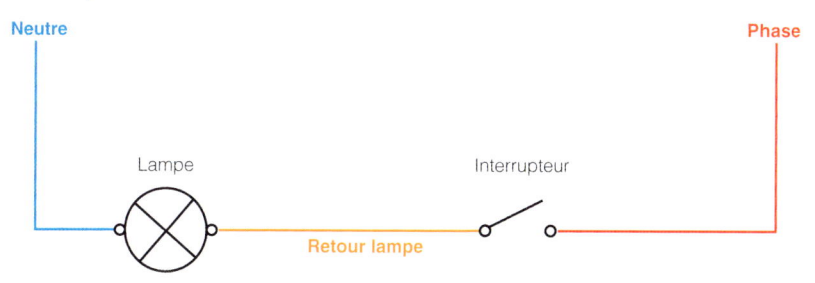

Neutre — Lampe — Retour lampe — Interrupteur — Phase

Le télérupteur ou la minuterie 3 fils

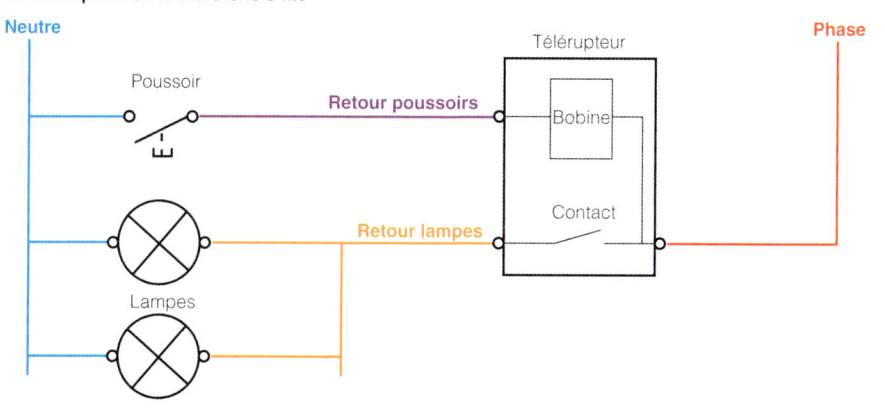

Neutre — Poussoir — Retour poussoirs — Télérupteur (Bobine / Contact) — Phase
Lampes — Retour lampes

Le télérupteur ou la minuterie 4 fils

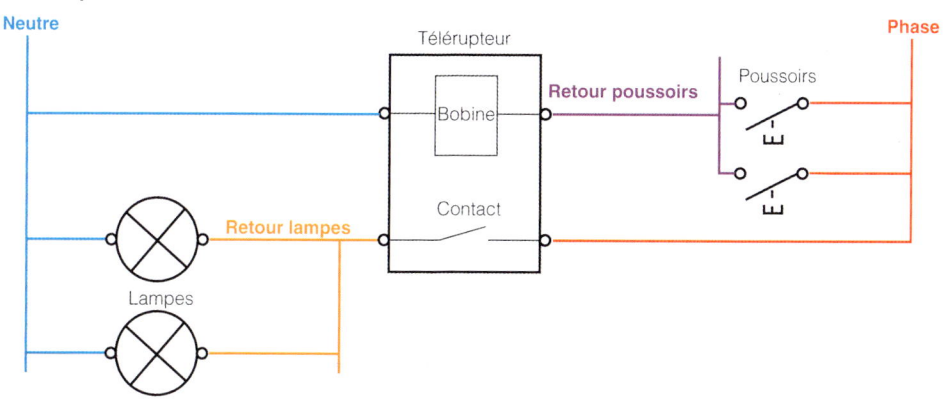

Neutre — Télérupteur (Bobine / Contact) — Retour poussoirs — Poussoirs — Phase
Lampes — Retour lampes

Ce type de raccordement permet de disposer de la phase et du neutre et de pouvoir ajouter une prise ou une lampe hors minuterie ou télérupteur.

Les circuits d'éclairage

Les cahiers du bricolage

Pour faciliter l'installation future d'appareils de détection automatique dans les couloirs et les circulations, il est recommandé de distribuer un conducteur de neutre pour chaque point de commande.

Dans une même pièce, il est recommandé de protéger les circuits d'éclairage et les circuits de prises de courant sur deux DDR 30 mA différents afin de préserver la continuité de service en cas de défaut (au moins l'un des circuits fonctionne si l'autre tombe en panne).

La nouvelle norme définit également des principes de câblage pour les dispositifs de commande des points d'éclairage (interrupteurs, télérupteurs ou minuteries). Ces schémas types permettent des reprises à partir de circuits existants pour réaliser des extensions (voir page 31).

La télévision

La norme prévoit à présent un équipement minimal pour les prises de télévision. Pour les logements de moins de 100 m², il faut installer au minimum deux prises. Pour les logements plus grands, trois prises sont requises. Pour les logements de moins de 35 m², il est admis de n'installer qu'une seule prise. Dans tous les cas, l'une des prises doit être située dans le salon, près d'une prise de communication. Chaque prise est desservie par un câble issu directement de la GTL.

Les signaux de télévision peuvent être captés par une antenne hertzienne, une parabole ou provenir d'un réseau câblé, DSL ou de communication.

La distribution des signaux d'antenne hertzienne et de la parabole se fait par un câble coaxial. L'installation de base comprend simplement l'antenne, le câble et une prise. Il existe plusieurs types de prises : TV simple, TV + radio, TV + radio + Sat. Vous pouvez grouper les signaux provenant de diverses sources, soit en utilisant des prises à deux câbles, soit en utilisant un coupleur qui permet de réunir les différents signaux sur un même câble.

Les évolutions de la norme électrique

Si vous souhaitez plusieurs prises pour raccorder plusieurs récepteurs, l'installation d'un amplificateur est recommandée. De cet amplificateur, on transite par un répartiteur (boîte de connexion qui limite les pertes de signal) avec plusieurs directions (les directions sont les dérivations). Ainsi, pour quatre prises on utilise un répartiteur à quatre directions.

Pour raccorder un téléviseur à la prise murale, utilisez un câble pourvu d'une fiche coaxiale. Le raccordement des câbles en provenance de l'antenne, au niveau des amplificateurs, des coupleurs ou des répartiteurs s'effectue au moyen de connecteurs F.

Réseau de communication

L'installation téléphonique classique est remplacée peu à peu par le réseau domestique de communication. Il intègre diverses applications : téléphonie, télévision, domotique, Internet, réseau local informatique. Les prises téléphoniques en T doivent laisser place aux socles de communication équipés d'une prise RJ 45. La transition s'effectue progressivement d'un système à l'autre. Des solutions de transition existent également pour passer au réseau de communication.

Les règles à respecter :
- un socle de communication par pièce principale et dans la cuisine est exigé au minimum par la nouvelle norme ;
- le logement doit comporter au minimum deux socles de communication ;
- il faut au moins un socle dans la salle de séjour à un emplacement libre, non occulté par une porte et près d'une prise de télévision ;
- chaque socle est desservi par un conduit provenant directement de la GTL ;
- les nouveaux socles sont de type RJ 45 ;
- une prise de courant doit accompagner chaque socle de communication ;
- l'axe des socles des prises de communication est situé à 5 cm minimum du sol fini ;
- si une prise de courant et une prise de communication sont installées dans une même boîte, elles doivent être séparées par une cloison ;
- les fixations à griffes sont interdites ;
- les prises de communication sont interdites dans les volumes 0 à 2 des salles d'eau ;
- dans la cuisine, les prises de communication sont interdites au-dessus des plaques de cuisson et des bacs d'évier ;
- les câbles de communication doivent emprunter un cheminement qui leur est

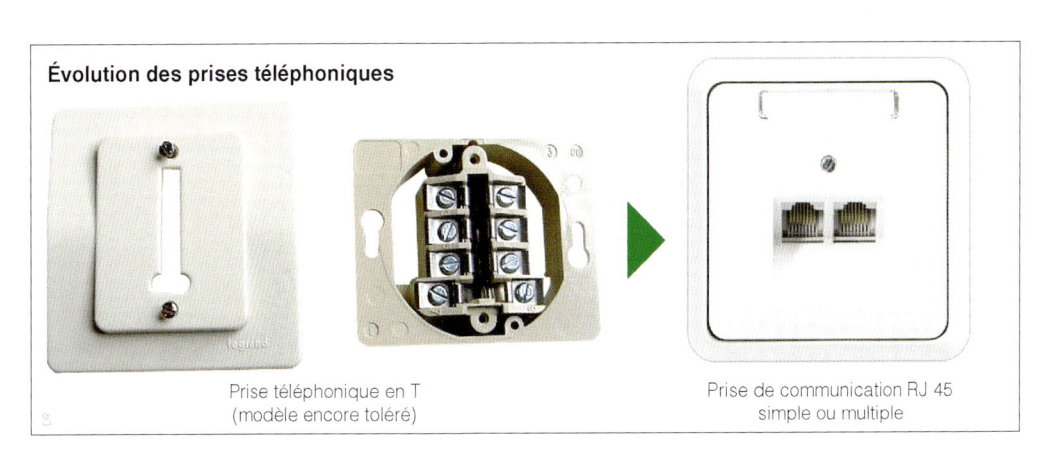

Évolution des prises téléphoniques

Prise téléphonique en T
(modèle encore toléré)

Prise de communication RJ 45
simple ou multiple

réservé et d'une section minimale de 300 mm² ;
- les conduits d'encastrement utilisés doivent avoir un diamètre intérieur minimal de 20 mm ;
- dans les goulottes, les câbles de communication doivent cheminer dans des alvéoles qui leur sont exclusivement réservées.

Le raccordement au réseau public s'effectue par l'intermédiaire de deux conduits TPC de 40 mm de diamètre et de couleur verte. Désormais, la ligne de l'opérateur télécom aboutit dans le tableau de communication de la GTL, dans une prise téléphonique ou autre appelée DTI (Dispositif de Terminaison Intérieure). Le DTI matérialise la limite de responsabilité entre le fournisseur et l'utilisateur. À chaque réseau de communication entrant doit correspondre un DTI.
La ligne est raccordée sur un concentrateur ou « hub » d'où partent les différentes lignes de l'installation privative. Entre le DTI et le concentrateur peut se trouver un équipement électronique.

Chaque prise doit être alimentée par une ligne indépendante provenant directement de la réglette du tableau de communication. C'est une distribution en étoile, la seule permettant les applications numériques.
Chaque prise de communication (RJ 45) pouvant accueillir indifféremment des applications de téléphonie, télévision numérique ou informatique (Internet, réseau local), il y a lieu de prévoir un socle de prise par application souhaitée dans chaque pièce.

Le guide UTE C 90-483 prévoit quatre niveaux d'équipement et de confort appelés grades. Le grade minimal à respecter est le premier. Les grades 2 à 4 dépendent du niveau de confort supplémentaire souhaité ou du niveau de prestation offert, dans le cas d'un constructeur.

Le **grade 1** ou *télécom service* nécessite des câbles à quatre paires (C 93-531-11 ou C 93-531-12) et des socles à prise RJ 45 répondant à la norme 60603-7-2 ou 60603-7-3. Il convient pour le téléphone, les services de données haut débit (DSL) et aux programmes de TV DSL. Le protocole réseau informatique Ethernet 10 et 100 Base-T est également possible. La télévision UHF-VHF est assurée séparément par un câblage coaxial.

Le **grade 2** ou *télécom confort* nécessite des câbles à quatre paires écrantés (C 93-531-13) et des socles à prise RJ 45 répondant à la norme 60603-7-5. Il convient pour le téléphone, les services de données haut débit (DSL) et le protocole réseau Gigabit Ethernet. Ce grade est conseillé pour le bureau à domicile. Dans ce cas, chaque socle de prise communication comporte deux connecteurs RJ 45. La télévision UHF-VHF est assurée séparément par un câblage coaxial.

Le **grade 3** ou *multiservices* nécessite des câbles à quatre paires écrantés (C 93-531-14) et des socles à prise RJ 45 répondant à la norme 60603-7-7. Il convient pour le téléphone, les services de données haut débit (DSL), le protocole réseau Gigabit et la télévision UHF-VHF. Ce grade est conseillé pour le bureau à domicile. Dans ce cas, chaque socle de prise communication comporte deux connecteurs RJ 45.

Le **grade 4** ou *multiservices confort* nécessite des câbles à fibres optiques (2 FO IEC 60794-2-40) et des socles à connecteurs spécifiques. Il convient pour toutes les applications très haut débit. Cependant, il n'assure plus le téléphone analogique, il doit donc être associé à un grade 1 à 3 pour tenir compte des terminaux existants.

La longueur d'un câble d'alimentation d'une prise de communication ne doit pas dépasser 50 m. Pour répondre aux besoins

Les évolutions de la norme électrique

❶ Les niveaux d'équipement

Niveaux	Téléphonie analogique	Téléphonie numérique RNIS Internet	Internet haut débit	Réseau local domestique 100 Mbit/s	Télévision numérique via lignes télécoms	Réseau local domestique Gigabit/s	TNT* et analogique VHF/UHF	Câble	Connecteur
Grade 1 Télécom service	★★★	★★★	★★★	★★	★	⟩	⟩	C 93-531-11 C 93-531-12	60603-7-2 60603-7-3
Grade 2 Télécom confort	★★★	★★★	★★★	★★★	★★	★★	★	C 93-531-13	60603-7-5
Grade 3 Multiservices	★★★	★★★	★★★	★★★	★★★	★★★	★★★	C 93-531-14	60603-7-7
Grade 4 Multiservices confort	⟩	Voix sur protocole Internet	★★★	★★★	★★★	★★★	★★★	2 FO IEC 60794-2-40 fibre optique	À l'étude

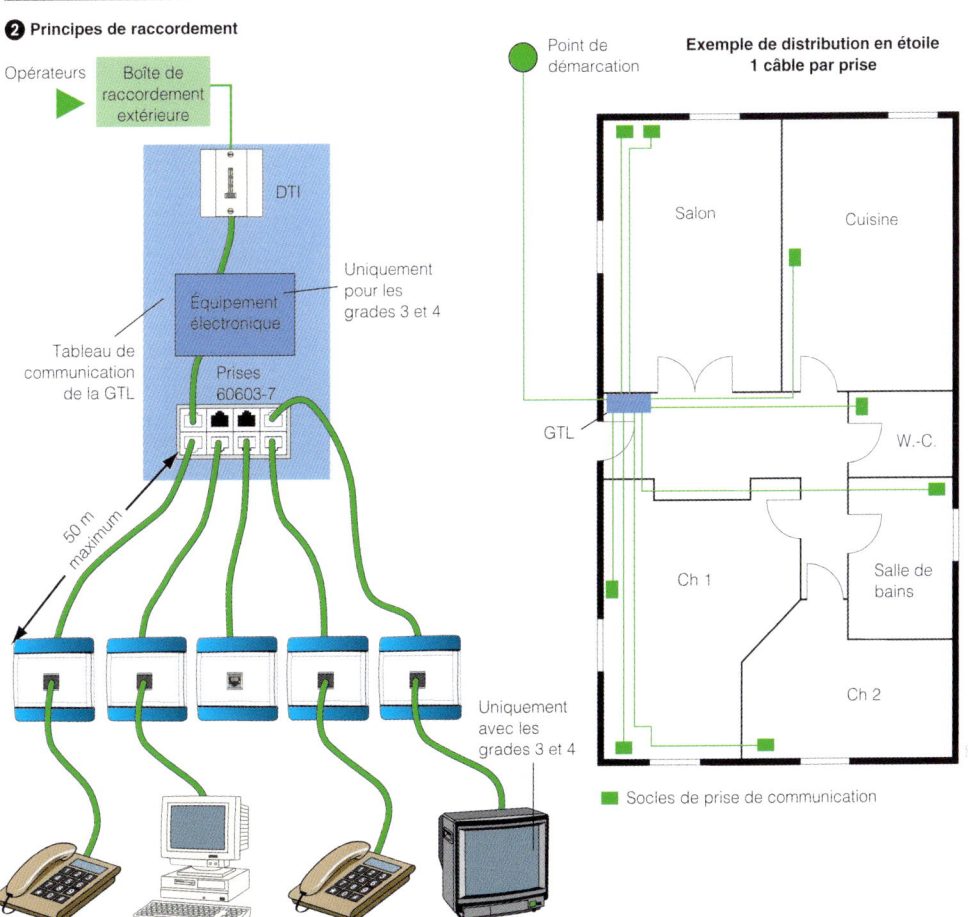

★★★ Recommandé   ★★ Adapté   ★ Minimal   ⟩ Non adapté   *TNT : Télévision Numérique Terrestre

❷ Principes de raccordement

Opérateurs → Boîte de raccordement extérieure
DTI
Tableau de communication de la GTL
Équipement électronique — Uniquement pour les grades 3 et 4
Prises 60603-7
50 m maximum

Uniquement avec les grades 3 et 4

Exemple de distribution en étoile 1 câble par prise

Point de démarcation
Salon — Cuisine
GTL
W.-C.
Ch 1 — Salle de bains
Ch 2

■ Socles de prise de communication

Réseau de communication

㉟

Les cahiers du bricolage

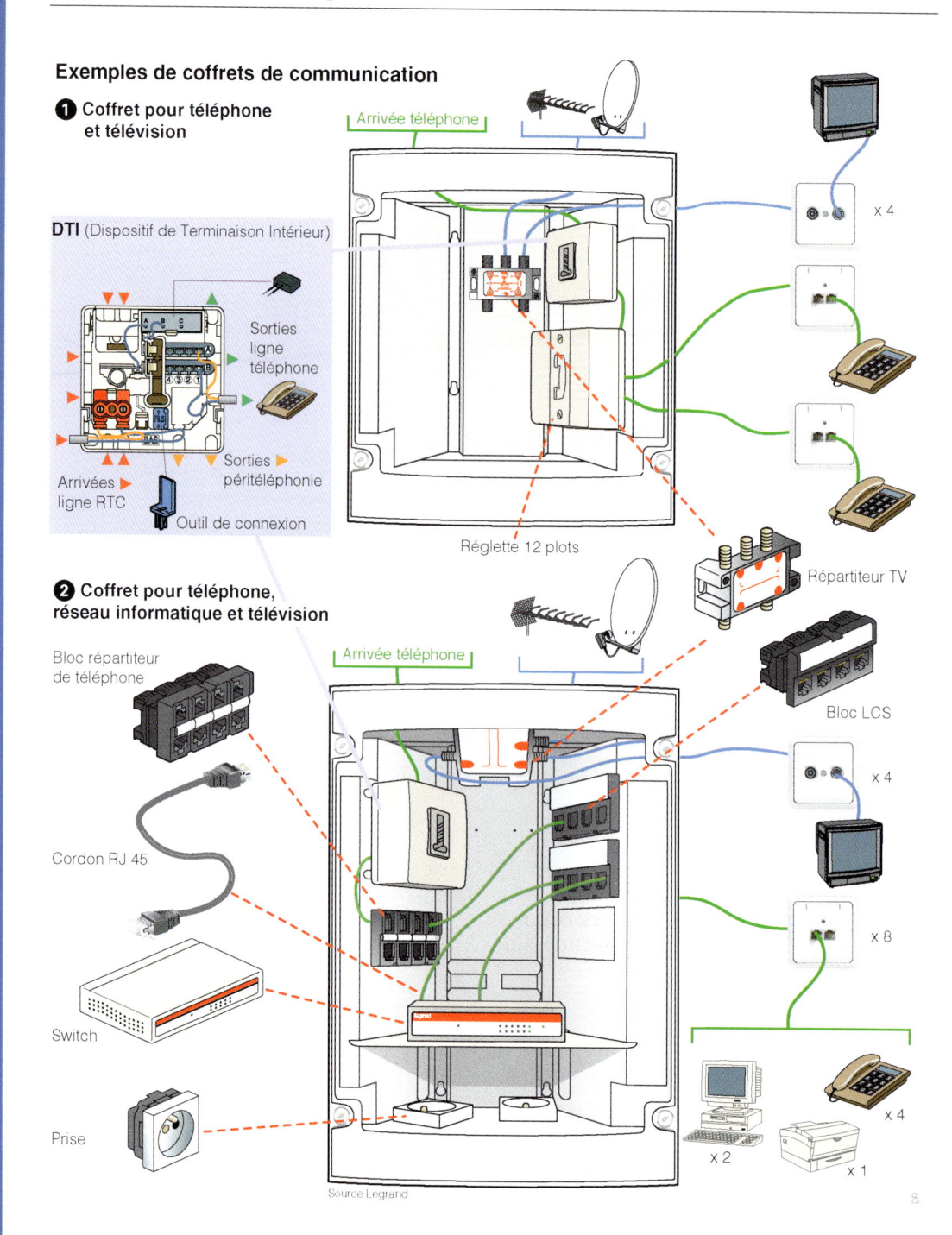

Exemples de coffrets de communication

❶ Coffret pour téléphone et télévision

Arrivée téléphone

DTI (Dispositif de Terminaison Intérieur)

Sorties ligne téléphone

Sorties péritéléphonie

Arrivées ligne RTC

Outil de connexion

Réglette 12 plots

Répartiteur TV

x 4

❷ Coffret pour téléphone, réseau informatique et télévision

Arrivée téléphone

Bloc répartiteur de téléphone

Cordon RJ 45

Switch

Prise

Bloc LCS

x 4

x 8

x 4

x 2

x 1

Source Legrand

Réseau de communication

36

futurs, la norme recommande trois socles de communication par pièce principale (un au minimum obligatoire) et un socle dans les autres, y compris dans l'entrée, les WC, le garage et la salle d'eau. Idéalement, aucun point du logement ne devrait être éloigné de plus de 5 m d'un socle de communication. Le tableau de communication, situé dans la GTL, doit être relié à la terre. Deux prises de courant doivent lui être dédiées dans la GTL, à moins de 1,5 m.

La GTL

La GTL (Gaine Technique de Logement) est désormais obligatoire pour tous les locaux d'habitation individuels ou collectifs neufs. Dans les logements existants, elle est exigée en cas de réhabilitation totale avec redistribution des cloisons. Son rôle est de regrouper en un emplacement unique toutes les arrivées et les départs des réseaux de puissance et de communication. Elle doit être située à proximité d'une entrée principale ou de service, ou dans un local annexe directement accessible. Elle comporte de nombreux départs vers le haut et vers le bas, c'est pourquoi elle ne doit pas se situer au droit de la poutraison.

Dans les immeubles d'habitation collectifs, elle doit communiquer avec les gaines des réseaux de puissance et de communication de l'immeuble. Chacune de ces communications doit présenter une section libre minimale de 300 mm^2.
La GTL doit comporter les éléments suivants :
- le panneau de contrôle ;
- le tableau de répartition principal ;
- le tableau de communication ;
- deux socles de prise de courant 10/16 A + terre sur un circuit spécialisé ;
- les autres applications de communication (TV, satellite) ;

- les canalisations de puissance, de communication et de branchement ;
- éventuellement, un équipement domotique ou une protection anti-intrusion.

La GTL peut être réalisée au moyen de tout matériau de construction (bois, PVC, maçonnerie). Elle ne doit pas être équipée d'une fermeture à clé. Ses dimensions minimales sont 600 mm de largeur et 200 mm de profondeur. La hauteur doit être celle comprise entre le sol et le plafond. Pour les logements de moins de 35 m^2, la largeur peut être réduite à 450 mm et la profondeur à 150 mm. Ces dimensions doivent être respectées sur toute la hauteur. Aucune autre canalisation n'est admise à l'intérieur de la GTL.

La GTL peut être en saillie, encastrée, semi-encastrée ou préfabriquée. Dans le cas d'une installation en saillie, elle peut se limiter à une goulotte accessible allant du sol au plafond. Sa section extérieure est alors au minimum de 150 cm^2 pour une profondeur d'au moins 60 mm. Elle doit pouvoir recevoir les coffrets sur le dessus ou sur les côtés. La plupart des fabricants proposent des systèmes de goulottes avec tableaux. Le cheminement des canalisations de courants forts et faibles doit s'effectuer dans des conduits distincts ou dans des goulottes compartimentées. Les croisements entre ces canalisations doivent être réduits au maximum et respecter un angle de 90°.

La disposition des différents éléments de la GTL est libre si les contraintes réglementaires sont respectées :
- l'accès aux appareils de contrôle et de protection doit être facilité. Les bornes de l'AGCP (disjoncteur de branchement) doivent être accessibles sans dépose des parois latérales de la GTL ;
- le panneau de contrôle doit être démontable sans intervention préalable sur le tableau de répartition ;

Les cahiers du bricolage

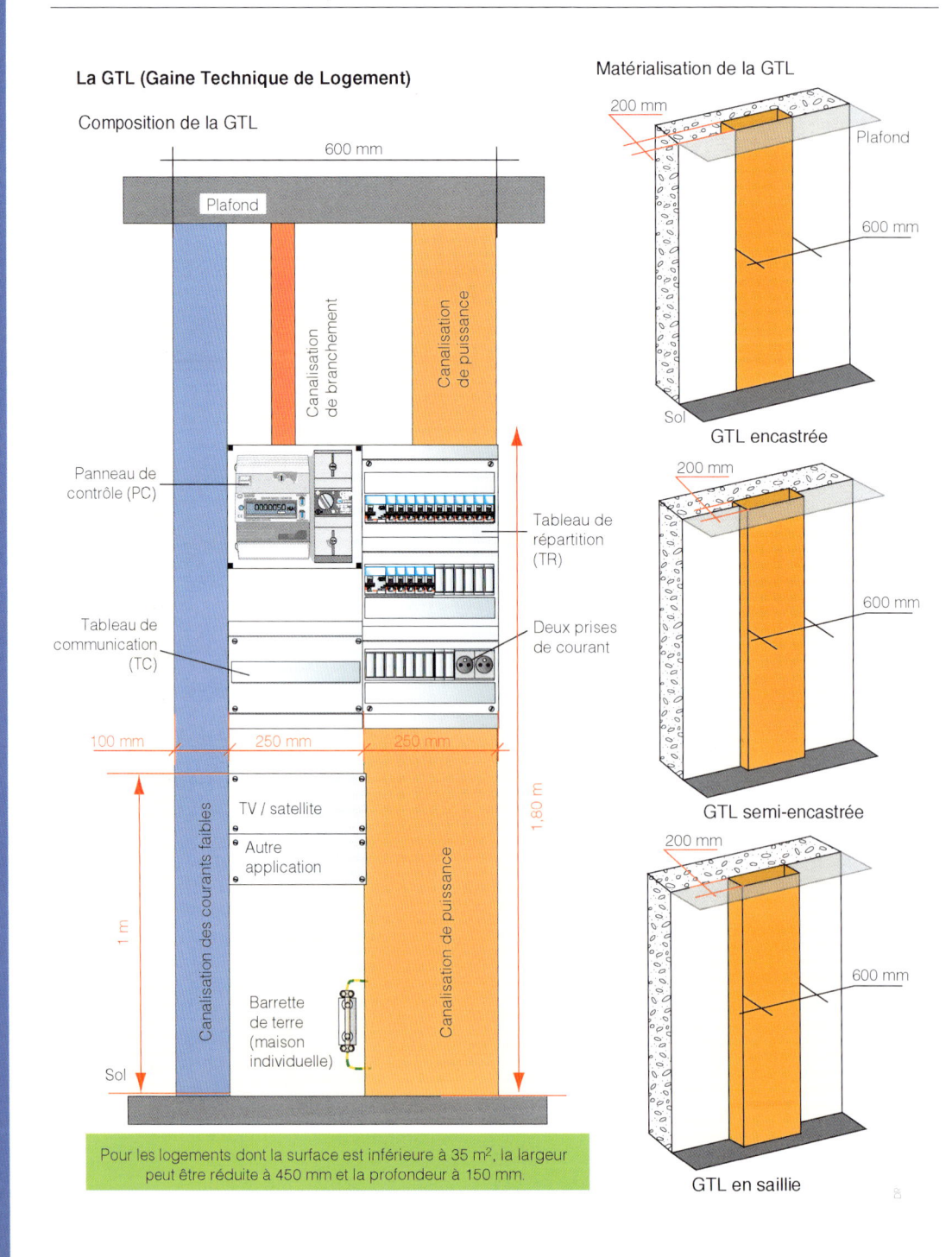

La GTL (Gaine Technique de Logement)

Composition de la GTL

- 600 mm
- Plafond
- Canalisation de branchement
- Canalisation de puissance
- Panneau de contrôle (PC)
- Tableau de répartition (TR)
- Tableau de communication (TC)
- Deux prises de courant
- 100 mm / 250 mm / 250 mm
- 1,80 m
- Canalisation des courants faibles
- TV / satellite
- Autre application
- Canalisation de puissance
- 1 m
- Barrette de terre (maison individuelle)
- Sol

Pour les logements dont la surface est inférieure à 35 m², la largeur peut être réduite à 450 mm et la profondeur à 150 mm.

Matérialisation de la GTL

- 200 mm
- Plafond
- 600 mm
- Sol

GTL encastrée

- 200 mm
- 600 mm

GTL semi-encastrée

- 200 mm
- 600 mm

GTL en saillie

La GTL

38

Les évolutions de la norme électrique

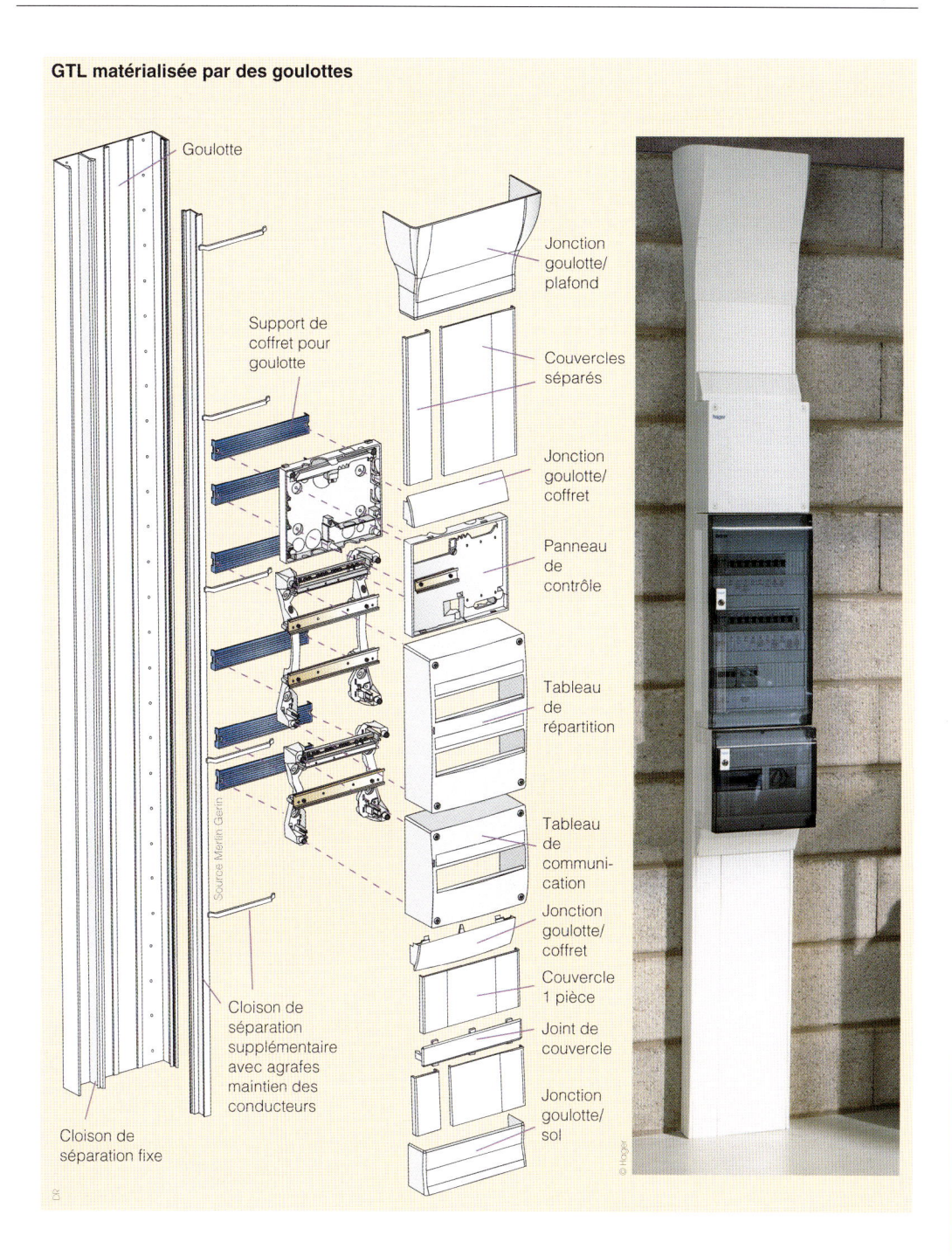

GTL matérialisée par des goulottes

- Goulotte
- Support de coffret pour goulotte
- Jonction goulotte/plafond
- Couvercles séparés
- Jonction goulotte/coffret
- Panneau de contrôle
- Tableau de répartition
- Tableau de communication
- Jonction goulotte/coffret
- Couvercle 1 pièce
- Joint de couvercle
- Jonction goulotte/sol
- Cloison de séparation supplémentaire avec agrafes maintien des conducteurs
- Cloison de séparation fixe

Source Merlin Gerin

La GTL

39

- la distance minimale entre les bornes du compteur et un tableau de répartition adjacent est de 3 cm si la paroi est isolante, 8 cm dans le cas contraire. Les mêmes règles s'appliquent pour la distance entre le compteur et les parois de la GTL ;
- la liaison de terre entre le tableau de répartition et le tableau de communication doit être inférieure à 50 cm et d'une section minimale de 6 mm^2 ;
- les équipements de communication (TV, satellite) sont placés soit sous 1,10 m soit au-dessus de 1,80 m, avec une réservation de 35 cm de largeur et 18 cm de profondeur ;
- l'agencement du tableau de répartition est réalisé de manière à éloigner le plus possible les appareillages perturbateurs comme les contacteurs du tableau de communication.

Les appareils de protection et de sectionnement des circuits doivent être posés sur le tableau de répartition principal installé dans la GTL et si nécessaire sur un ou plusieurs tableaux divisionnaires supplémentaires répartis dans le logement. Une réserve minimale de 20 % doit être respectée dans chacun des tableaux.

Les dispositifs de protection

Les interrupteurs différentiels

Les interrupteurs différentiels 30 mA sont désormais obligatoires en tête de tous les circuits de l'installation. Ils doivent être installés dans le tableau de répartition entre le disjoncteur de branchement et les dispositifs de protection des circuits (disjoncteur divisionnaire ou fusible). Ils ne détectent que les fuites de courant donc pas les courts-circuits ni les surcharges. Leur but est de protéger les personnes. Un bouton de test permet de les déclencher pour vérifier leur fonctionnement. Il est conseillé d'effectuer cette opération une fois par mois. Une autre manette permet de couper manuellement l'alimentation des circuits en aval ou de réenclencher l'appareil suite à un défaut.

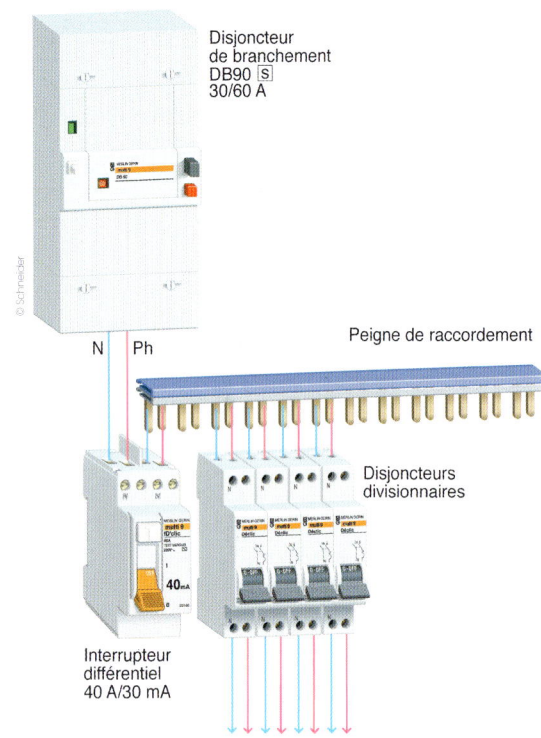

Ils servent à protéger un groupe de circuits. La norme impose un équipement minimal en fonction de la surface de l'habitation. Pour les logements de moins de 35 m^2, il convient d'installer au minimum un interrupteur différentiel 40 A/30 mA de type A (devant protéger notamment le circuit spécialisé de la cuisinière ou de la plaque de cuisson et le circuit du lave-linge) et un interrupteur différentiel 25 A/30 mA de type AC. Pour les habitations de 35 à 100 m^2, il faut utiliser au minimum un interrupteur différentiel 40 A/30 mA de type A et deux interrupteurs

Les évolutions de la norme électrique

Choix des interrupteurs différentiels

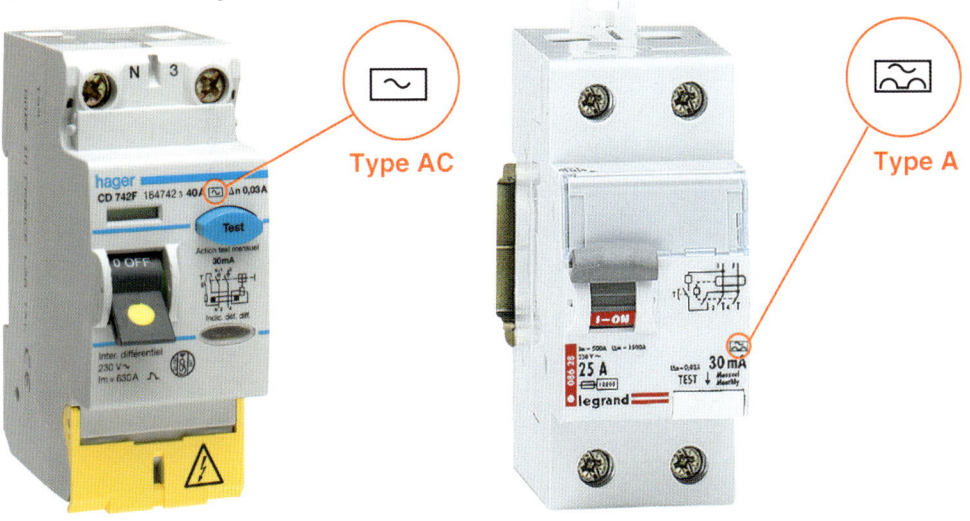

Type AC

Type A

Surface de l'habitation	Nombre minimal d'interrupteurs différentiels	
	Type AC	Type A
≤ 35 m²	1 x 25 A +	1 x 40 A
Entre 35 et 100 m²	2 x 40 A +	1 x 40 A
> 100 m²	3 x 40 A[1] +	1 x 40 A

(1) En cas de chauffage électrique d'une puissance supérieure à 8 kVA, remplacez un interrupteur différentiel de 40 A de type AC par un calibre de 63 A de type AC.

différentiels 40 A/30 mA de type AC. Pour les logements de plus de 100 m², l'équipement minimum est un interrupteur différentiel 40 A/30 mA de type A et trois interrupteurs différentiels 40 A/30 mA de type AC. L'un des trois pourra être remplacé par un modèle d'intensité nominale de 63 A si la puissance prévue pour le chauffage électrique est supérieure à 8 kW.

Pour préserver l'utilisation d'au moins un circuit dans une même pièce, il est recommandé de protéger les prises de courant et les circuits d'éclairage avec des DDR différents. Si le chauffage électrique est à fil pilote, l'ensemble des circuits, y compris les fils pilote, sont placés en aval d'un même DDR.
Les interrupteurs différentiels sont commercialisés sous des intensités nominales de 25, 40 ou 63 A. Pour brancher plusieurs interrupteurs différentiels, utilisez les borniers prévus à cet effet dans le tableau de répartition. Un seul conducteur doit être connecté sous chaque plot du disjoncteur de branchement.

Les disjoncteurs différentiels

Les disjoncteurs différentiels haute sensibilité 30 mA protègent contre tous les risques de défauts susceptibles de se produire sur un

Les dispositifs de protection

Les cahiers du bricolage

circuit, c'est-à-dire les surcharges (demande de puissance trop importante), les courts-circuits et les fuites de courant. Ils sont plus chers que les interrupteurs différentiels et que les disjoncteurs divisionnaires. C'est pourquoi dans les installations domestiques on les réserve à la protection de certains circuits considérés comme potentiellement à risque (circuits extérieurs, par exemple) ou des circuits alimentant des appareils qui doivent rester en permanence sous tension, comme les congélateurs, les ordinateurs ou l'alarme. En théorie, il serait possible d'en placer un en tête de chaque circuit et de se passer d'interrupteur différentiel en tête des groupes de circuits. En pratique, cela coûterait beaucoup plus cher et prendrait inutilement de la place dans le tableau de répartition. On utilise plutôt un interrupteur différentiel en tête d'un groupe de disjoncteurs divisionnaires.

Le raccordement des disjoncteurs différentiels s'effectue en aval du disjoncteur de branchement (comme les interrupteurs différentiels). Chaque circuit d'utilisation est raccordé directement en sortie de son disjoncteur différentiel. Il n'est plus nécessaire de transiter par un disjoncteur divisionnaire ou un fusible, puisque le disjoncteur différentiel assure lui-même la protection contre les surintensités et les courts-circuits. Ils sont disponibles sous des intensités nominales de 2 à 40 A. Choisissez un calibre adapté au type de circuit à protéger (le même que pour un disjoncteur divisionnaire). La norme n'impose pas l'utilisation de disjoncteurs différentiels, mais les recommande pour la protection du congélateur si son emplacement est défini au moment de la réalisation de l'installation.

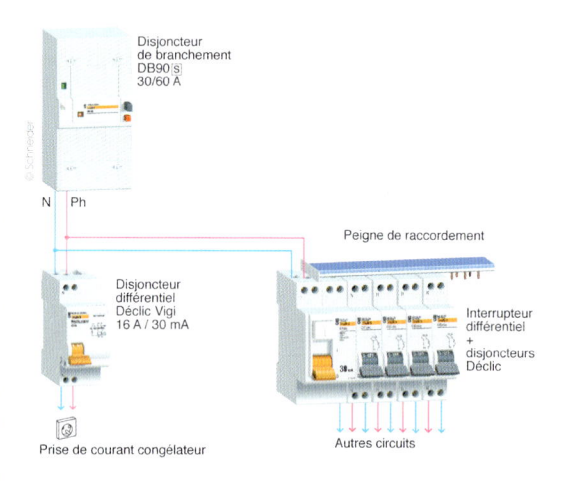

Les coupe-circuits domestiques

Ils assurent la protection contre les surcharges et les courts-circuits. On peut les utiliser en tête de chaque circuit, sous l'interrupteur différentiel. Ils ont la même fonction que les disjoncteurs divisionnaires, mais ils sont aussi moins chers. Attention, ils ne sont plus autorisés pour assurer la protection de certains circuits (VMC, prises de courant en 1,5 mm²...). De plus, ils ne permettent pas l'obtention des labels Promotelec.
Les coupe-circuits doivent porter l'inscription NF USE. Plusieurs calibres existent (10, 16,

20, 25, 32 A) selon la section des conducteurs et la nature des circuits à protéger. Selon leur calibre les coupe-circuits accueillent une cartouche fusible de taille normalisée et non rechargeable.

La cartouche fusible est placée sur le conducteur de phase : lorsque le coupe-circuit est ouvert, phase et neutre sont coupés. Le circuit est alors totalement hors tension. Néanmoins, il est interdit d'utiliser le fusible pour commander directement un circuit.

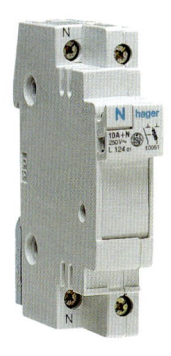

Les disjoncteurs divisionnaires

Les disjoncteurs divisionnaires servent à protéger les circuits contre les surcharges et les courts-circuits, comme les coupe-circuits. On les installe sur le tableau de répartition à l'origine de chaque circuit, sous l'interrupteur différentiel du groupe.

Dans les installations domestiques, on utilise des disjoncteurs divisionnaires phase + neutre.

Plusieurs modèles sont disponibles selon leur intensité nominale (2, 6, 10, 16, 20, 25, 32 A) en fonction de la section des conducteurs et de la nature des circuits à protéger (voir tableau de la page 47). Lorsqu'une surcharge ou un court-circuit se produit, le disjoncteur divisionnaire en tête du circuit se déclenche et sa manette s'abaisse, ce qui permet de repérer visuellement et immédiatement le circuit en défaut. Après élimination du défaut (débranchement de l'appareil défectueux, par exemple), il suffit de remonter la manette, le circuit est rétabli.

Protection des chauffages à fil pilote

Les appareils de chauffage sont généralement équipés d'un thermostat électronique et d'un fil pilote. C'est un conducteur noir présent dans le câble d'alimentation, en plus des deux conducteurs traditionnels, qui sert à transmettre des ordres à l'appareil de chauffage. Il doit être raccordé uniquement à un conducteur spécial issu d'un programmateur. Selon les modèles, jusqu'à six consignes peuvent être transmises par le fil pilote : confort, réduit, éco – 1°C, éco – 2°C, hors gel et arrêt.

Désormais, la norme exige que le fil pilote puisse être coupé. En effet, il se peut que

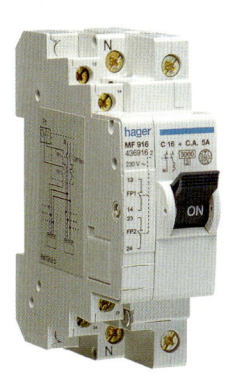

Les cahiers du bricolage

l'alimentation d'un appareil de chauffage soit coupée, mais pas son fil pilote, qui peut dans ce cas rester sous tension (phase). Il est donc indispensable de couper le fil pilote en même temps que l'alimentation de l'appareil. Pour ce faire, utilisez des disjoncteurs divisionnaires équipés d'un module de coupure du fil pilote, intégré ou à associer à un disjoncteur classique. La distance entre les modules du tableau de répartition est plus grande. Par conséquent, utilisez des peignes d'alimentation prévus à cet effet.

Le fil pilote peut également être coupé par un interrupteur général de chauffage ou par un dispositif indépendant (dispositif de protection du gestionnaire de chauffage, par exemple). Dans ce cas, la norme impose dorénavant la mention « Attention fil pilote à sectionner » sur le tableau de répartition et à l'intérieur des boîtes de connexion des appareils de chauffage. Dans le cas d'un chauffage électrique à fil pilote, l'ensemble des circuits de chauffage, y compris le fil pilote, est placé en aval du même DDR 30 mA.

Le parafoudre

La foudre peut provoquer des surtensions dans les installations électriques qui se traduisent par la destruction des équipements électroniques, la détérioration d'appareils électroménagers, la perturbation des systèmes d'alarme ou informatiques. Elle peut se manifester de deux façons : par effet direct ou indirect. Si la foudre tombe sur une habitation, l'effet est direct. Pour se protéger de ce cas rare, on a recours à un paratonnerre.

Les effets indirects de la foudre peuvent également atteindre l'installation électrique. Lorsque la foudre tombe sur une ligne aérienne alimentant votre installation, il peut se créer une forte surtension : c'est la conduction. Si la foudre frappe un arbre à proximité de l'habitation, le courant induit peut transmettre des surtensions dans l'installation électrique : c'est le rayonnement. Lorsque la foudre frappe le sol ou une structure mise à la terre, il peut se produire une surtension de plusieurs milliers de volts dans le réseau de terre de l'installation électrique. Toutes les régions ne sont pas exposées aux mêmes risques de foudre. La carte page 45 indique les zones subissant le plus d'impacts de foudre.

Pour lutter contre les phénomènes de surtensions dues à la foudre, vous pouvez installer un appareil de protection dans le tableau de répartition : le parafoudre. Il protège l'installation en écoulant le courant excédentaire vers la terre. Son installation est obligatoire dans les régions les plus exposées, notamment si votre installation électrique est

Les évolutions de la norme électrique

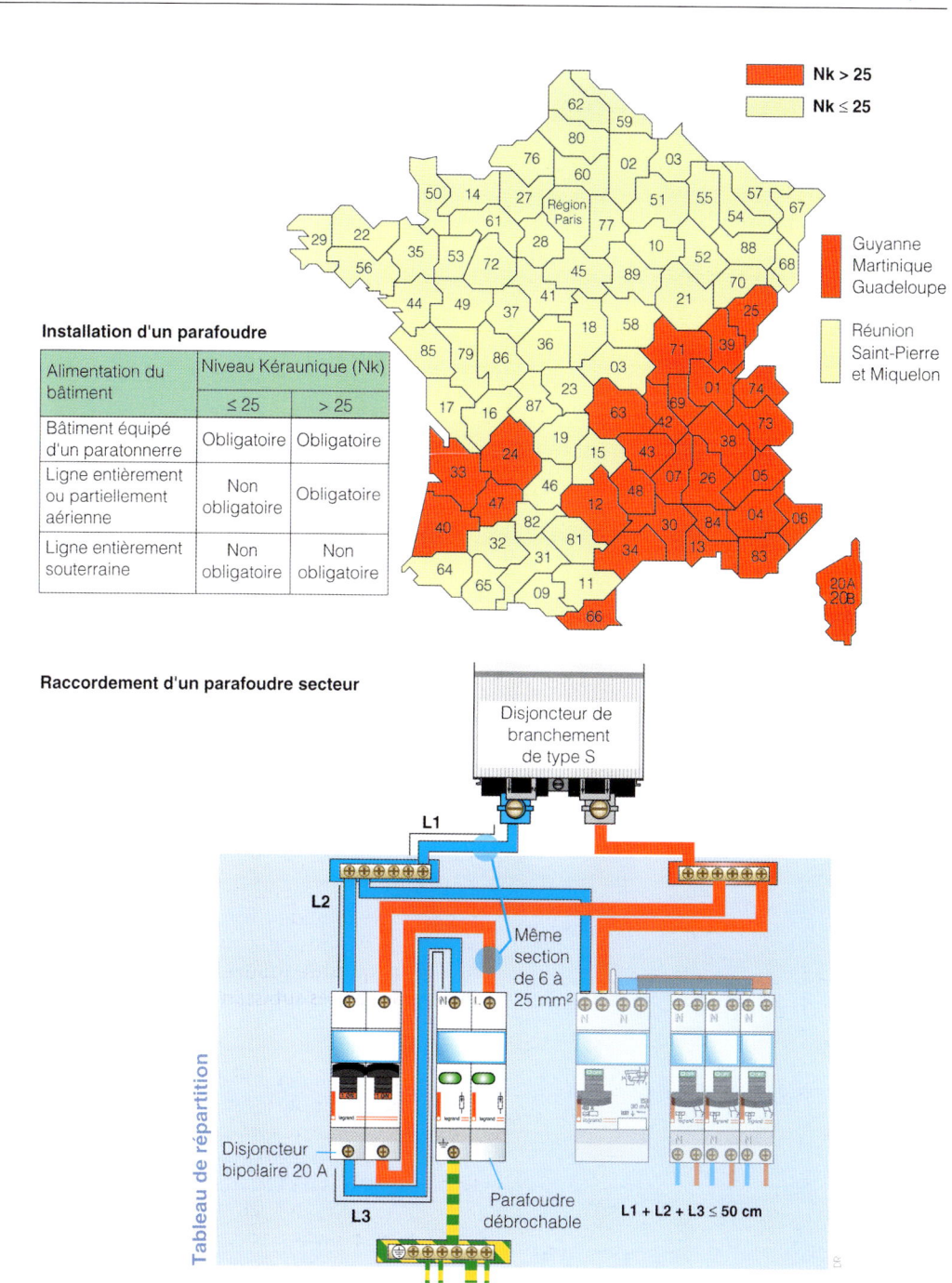

Nk > 25
Nk ≤ 25

Guyanne
Martinique
Guadeloupe

Réunion
Saint-Pierre
et Miquelon

Installation d'un parafoudre

Alimentation du bâtiment	Niveau Kéraunique (Nk) ≤ 25	> 25
Bâtiment équipé d'un paratonnerre	Obligatoire	Obligatoire
Ligne entièrement ou partiellement aérienne	Non obligatoire	Obligatoire
Ligne entièrement souterraine	Non obligatoire	Non obligatoire

Raccordement d'un parafoudre secteur

Disjoncteur de branchement de type S

L1
L2
L3

Même section de 6 à 25 mm²

Tableau de répartition

Disjoncteur bipolaire 20 A

Parafoudre débrochable

L1 + L2 + L3 ≤ 50 cm

Les dispositifs de protection

45

Les cahiers du bricolage

alimentée par un réseau public de distribution intégralement ou partiellement aérien. Pour pouvoir installer un parafoudre, vous devez disposer d'un disjoncteur de branchement différentiel, de préférence sélectif. Le parafoudre doit être installé avec un dispositif de déconnexion tel qu'un disjoncteur divisionnaire bipolaire. Après un coup de foudre, il peut être nécessaire de remplacer la cartouche du parafoudre. Généralement, un voyant indique quand le parafoudre est hors d'usage.
La longueur du conducteur reliant le parafoudre au disjoncteur de branchement, ou à l'AGCP, ne doit pas dépasser 50 cm.

Pour une sécurité accrue, il est également possible de protéger individuellement les matériels sensibles comme les ordinateurs, les télévisions ou la hi-fi. Utilisez des prises de courant équipées d'un bloc parafoudre, des blocs multiprises ou des adaptateurs pourvus d'un parasurtenseur. Il existe également des parafoudres pour les lignes téléphoniques. Ces dispositifs ne dispensent pas d'installer un parafoudre en tête de l'installation dans les régions exposées.

Alimentation d'une cave ou d'un garage en immeuble

Dans un immeuble collectif peut se poser le problème de l'alimentation de votre cave ou garage si elle n'est pas reprise sur le tableau des services généraux (parties communes). Dans ce cas, il faut faire installer un comptage spécifique repris sur le réseau de distribution. Vous pouvez aussi passer une ligne d'alimentation à partir du tableau de répartition de votre appartement, avec l'accord du syndic. Cette solution est admise et désormais prévue par la norme si certaines conditions sont respectées :
- la canalisation d'alimentation doit présenter une isolation double ou renforcée ;

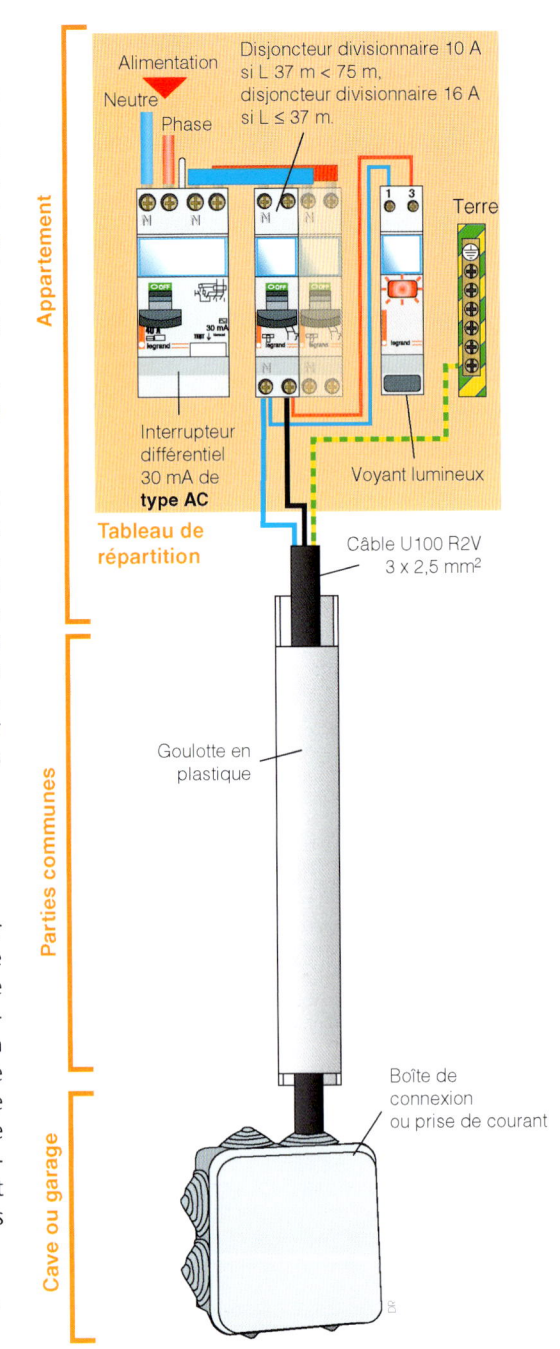

Les évolutions de la norme électrique

Section des conducteurs et calibre des protections

Nature du circuit	Nombre de points d'utilisation (norme NF C 15-100)	Section des conducteurs en cuivre (en mm^2)	Courant assigné maximal du dispositif de protection (en ampères) Fusible	Courant assigné maximal du dispositif de protection (en ampères) Disjoncteur
Circuits d'éclairage	8	1,5	10	16
Prises de courant commandées	8	1,5	10	16
Prises de courant 16 A	5	1,5	Interdit	16
	8	2,5	16	20
Circuits spécialisés avec prise de courant (lave-linge, lave-vaisselle, sèche-linge, four, congélateur…)	1	2,5	16	20
Cuisinière, plaque de cuisson en monophasé	1	6	32	32
Cuisinière, plaque de cuisson en triphasé	1	2,5	16	20
Volets roulants	Selon protection	1,5	10	16
VMC, VMR	1	1,5	Interdit	2 [1]
Chauffe-eau électrique non instantané	1	2,5	16	20
Circuits d'asservissement tarifaire, fils pilote, gestionnaire d'énergie…	1 circuit par fonction	1,5	Interdit	2
Autres circuits, y compris un tableau divisionnaire	–	1,5	16	10
	–	2,5	16	20
	–	4	20	25
	–	6	32	32
Convecteurs ou panneaux radiants en monophasé	2 250 W	1,5	10	10
	4 500 W	2,5	16 (3 500 W)	20
	5 750 W	4	20	25
	7 250 W	6	25	32
Plancher chauffant électrique monophasé (direct, à accumulation ou autorégulant)	1 700 W	1,5	Interdit	16
	3 400 W	2,5	Interdit	25
	4 200 W	4	Interdit	32
	5 400 W	6	Interdit	40
	7 250 W	10	Interdit	50

[1] Sauf cas particuliers où cette valeur peut être augmentée jusqu'à 16 A.

Indication de l'intensité nominale sur un dispositif de protection

Exemple sur un disjoncteur divisionnaire

Déclic
C16
230V~
3000
3

C 16 indique une intensité nominale de 16 ampères.

Les dispositifs de protection

47

Les cahiers du bricolage

- la section minimale est de 2,5 mm², pour éviter la chute de tension ;
- la protection contre les courts-circuits et les surintensités est assurée par un disjoncteur divisionnaire de 16 A si la ligne est inférieure à 37 m et 10 A jusqu'à 75 m ;
- la sécurité des personnes est assurée par un DDR 30 mA de type AC ;
- un voyant de signalisation doit être placé sur le tableau de répartition pour prévenir de la mise sous tension du câble ;
- aucune dérivation n'est autorisée.

Le repérage des circuits

Pour que votre installation soit parfaitement aux normes, elle doit également faire preuve de bonne présentation. Chaque circuit doit être identifié au moyen d'une marque distincte indiquant clairement sa fonction et les locaux concernés (par exemple, « Prises cuisine », « Éclairage chambre enfants »). Pour ce faire, vous pouvez utiliser les pictogrammes fournis généralement avec les tableaux de répartition. Le marquage doit rester lisible et compréhensible dans la durée même après l'installation complète du tableau et la pose du capot.

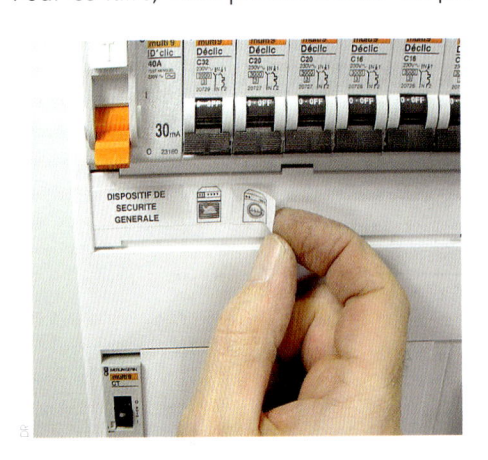

Le schéma de l'installation

Désormais, la norme NF C 15-100 exige que le schéma électrique unifilaire de l'installation soit réalisé par l'installateur. Il pourra être demandé par le Consuel. Vous devez en conserver une copie. Les symboles à utiliser sont normalisés.

Le schéma doit comporter les indications suivantes :
- nature et type des dispositifs de protection et de commande (contacteurs, programmateurs, délesteurs…) ;
- le courant de réglage et la sensibilité du dispositif de protection et de commande ;
- la puissance prévisionnelle ;
- la nature des canalisations pour les circuits extérieurs ;
- le nombre et la section des conducteurs ;
- les applications (éclairage, prises, points d'utilisation en attente…) ;
- le local desservi (cuisine, salon, chambre 2…).

Nous vous proposons un exemple de schéma unifilaire d'une installation avec chauffage électrique conforme à la norme.

Dans les pages suivantes sont proposés plusieurs exemples de tableaux électriques adaptés à diverses surfaces d'habitation.

Les évolutions de la norme électrique

Exemple de schéma conforme à la NF C 15-100 pour un logement de 35 à 100 m² avec chauffage électrique

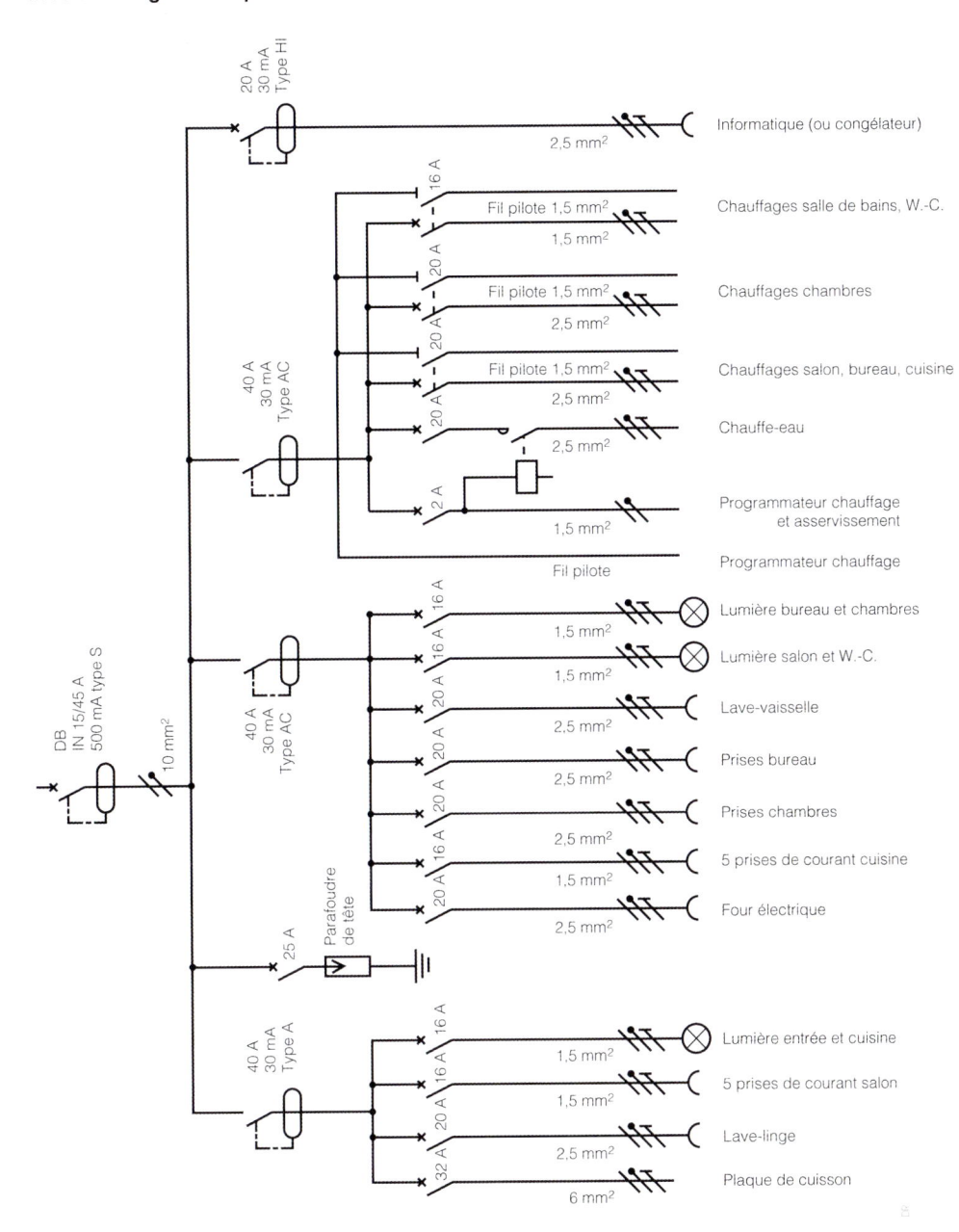

Protection	Section	Circuit
20 A, 30 mA Type HI	2,5 mm²	Informatique (ou congélateur)
40 A, 30 mA Type AC — 16 A	Fil pilote 1,5 mm² / 1,5 mm²	Chauffages salle de bains, W.-C.
20 A	Fil pilote 1,5 mm² / 2,5 mm²	Chauffages chambres
20 A	Fil pilote 1,5 mm² / 2,5 mm²	Chauffages salon, bureau, cuisine
20 A	2,5 mm²	Chauffe-eau
2 A	1,5 mm²	Programmateur chauffage et asservissement
	Fil pilote	Programmateur chauffage
40 A, 30 mA Type AC — 16 A	1,5 mm²	Lumière bureau et chambres
16 A	1,5 mm²	Lumière salon et W.-C.
20 A	2,5 mm²	Lave-vaisselle
20 A	2,5 mm²	Prises bureau
20 A	2,5 mm²	Prises chambres
20 A / 16 A	1,5 mm²	5 prises de courant cuisine
20 A	2,5 mm²	Four électrique
DB IN 15/45 A, 500 mA type S — 10 mm² — Parafoudre de tête 25 A		
40 A, 30 mA Type A — 16 A	1,5 mm²	Lumière entrée et cuisine
16 A	1,5 mm²	5 prises de courant salon
20 A	2,5 mm²	Lave-linge
32 A	6 mm²	Plaque de cuisson

Le schéma de l'installation

49

Les cahiers du bricolage

Exemple de tableau électrique pour une habitation < 35 m^2 (sans chauffage électrique)

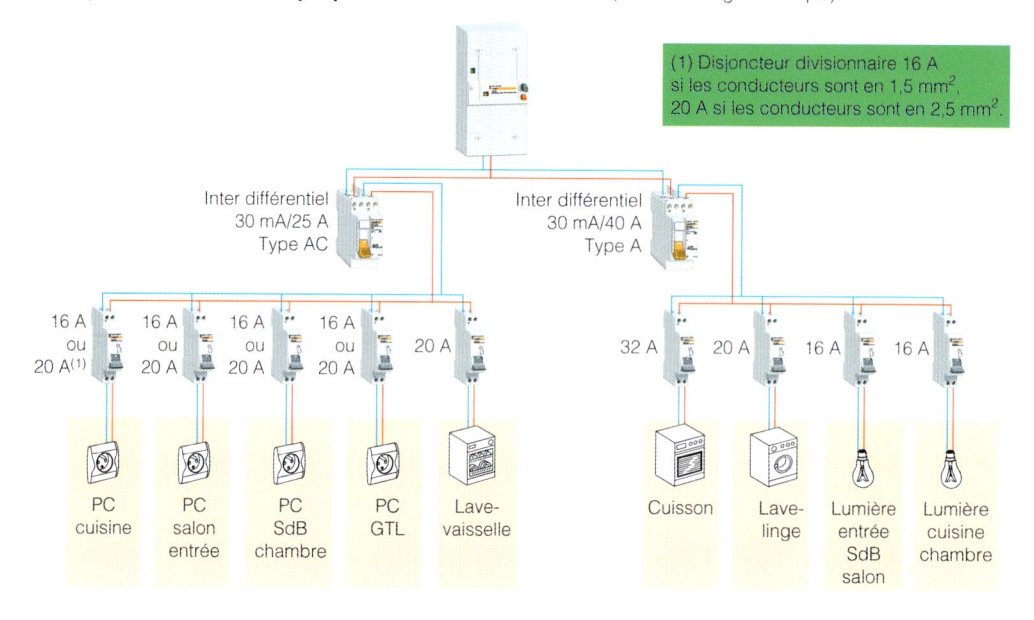

(1) Disjoncteur divisionnaire 16 A si les conducteurs sont en 1,5 mm^2, 20 A si les conducteurs sont en 2,5 mm^2.

Inter différentiel 30 mA/25 A Type AC

Inter différentiel 30 mA/40 A Type A

| 16 A ou 20 A (1) | 16 A ou 20 A | 16 A ou 20 A | 16 A ou 20 A | 20 A | 32 A | 20 A | 16 A | 16 A |

- PC cuisine
- PC salon entrée
- PC SdB chambre
- PC GTL
- Lave-vaisselle
- Cuisson
- Lave-linge
- Lumière entrée SdB salon
- Lumière cuisine chambre

Exemple de tableau électrique pour une habitation < 35 m^2 (avec chauffage électrique)

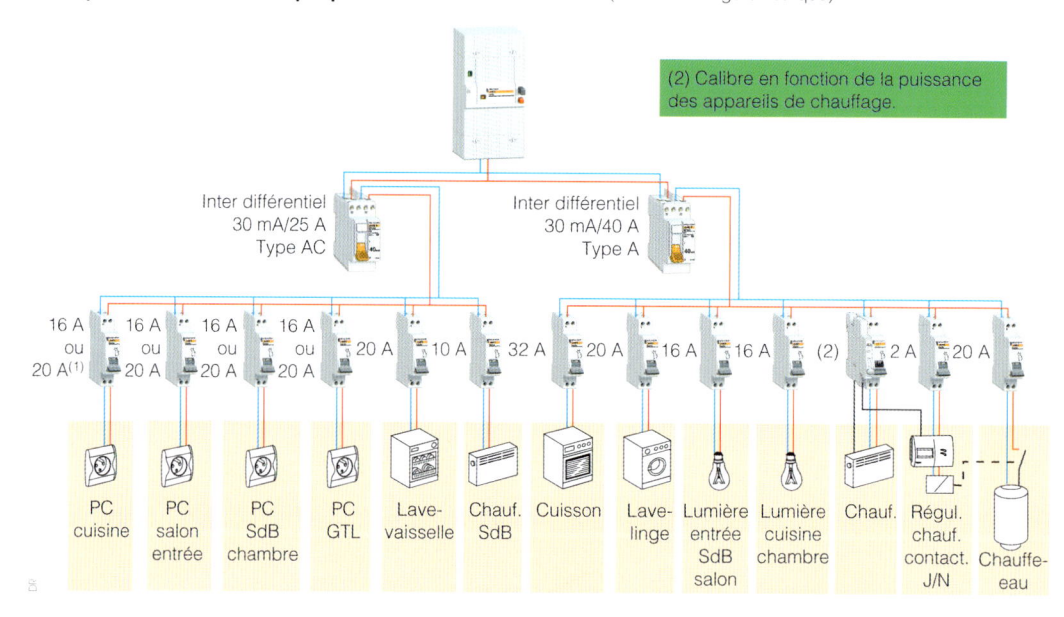

(2) Calibre en fonction de la puissance des appareils de chauffage.

Inter différentiel 30 mA/25 A Type AC

Inter différentiel 30 mA/40 A Type A

| 16 A ou 20 A (1) | 16 A ou 20 A | 16 A ou 20 A | 16 A ou 20 A | 20 A | 10 A | 32 A | 20 A | 16 A | 16 A | (2) | 2 A | 20 A |

- PC cuisine
- PC salon entrée
- PC SdB chambre
- PC GTL
- Lave-vaisselle
- Chauf. SdB
- Cuisson
- Lave-linge
- Lumière entrée SdB salon
- Lumière cuisine chambre
- Chauf.
- Régul. chauf. contact. J/N
- Chauffe-eau

Le schéma de l'installation

Les évolutions de la norme électrique

Exemple de tableau électrique pour une habitation d'une surface comprise entre 35 et 100 m² (avec chauffage électrique)

(1) Calibre en fonction de la puissance des appareils de chauffage.

Cette disposition peut être retenue si l'emplacement du congélateur est défini avant la réalisation de l'installation électrique.

Inter différentiel 30 mA/40 A Type A
- 16 A — Lumière cuisine chambre 1 chambre 2
- 20 A — Lave-linge
- 32 A — Cuisson
- 20 A — Chauffe-eau
- 2 A — Contact. J/N
- 2 A (1) — Chauf.
- 2 A (1) — Chauf.
- 2 A — Régul. chauf.

Inter différentiel 30 mA/40 A Type AC
- 16 A — Lumière entrée SdB salon
- 20 A — Sèche-linge
- 10 A — Chauf. SdB
- 20 A — Lave-vaisselle
- 20 A — PC GTL

Inter différentiel 30 mA/40 A Type AC
- 16 A ou 20 A — PC SdB chambre2
- 16 A ou 20 A — PC salon entrée
- 16 A ou 20 A — PC cuisine chambre 1

Disjoncteur différentiel 30 mA/16 A — Congélateur

Le schéma de l'installation

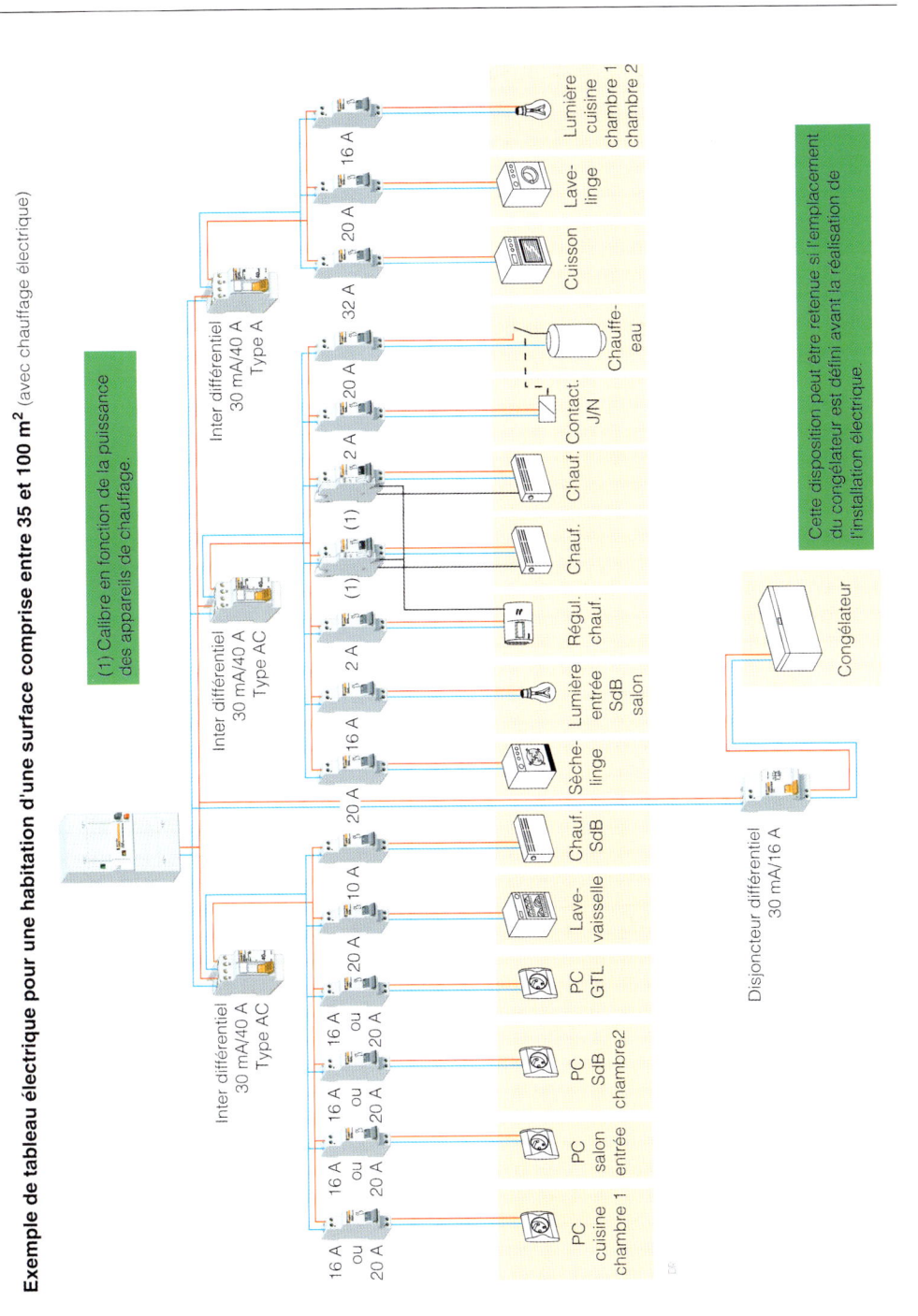

51

Les cahiers du bricolage

Le schéma de l'installation

**Exemple de tableau électrique pour une habitation d'une surface supérieure à 100 m² ** (sans chauffage électrique)

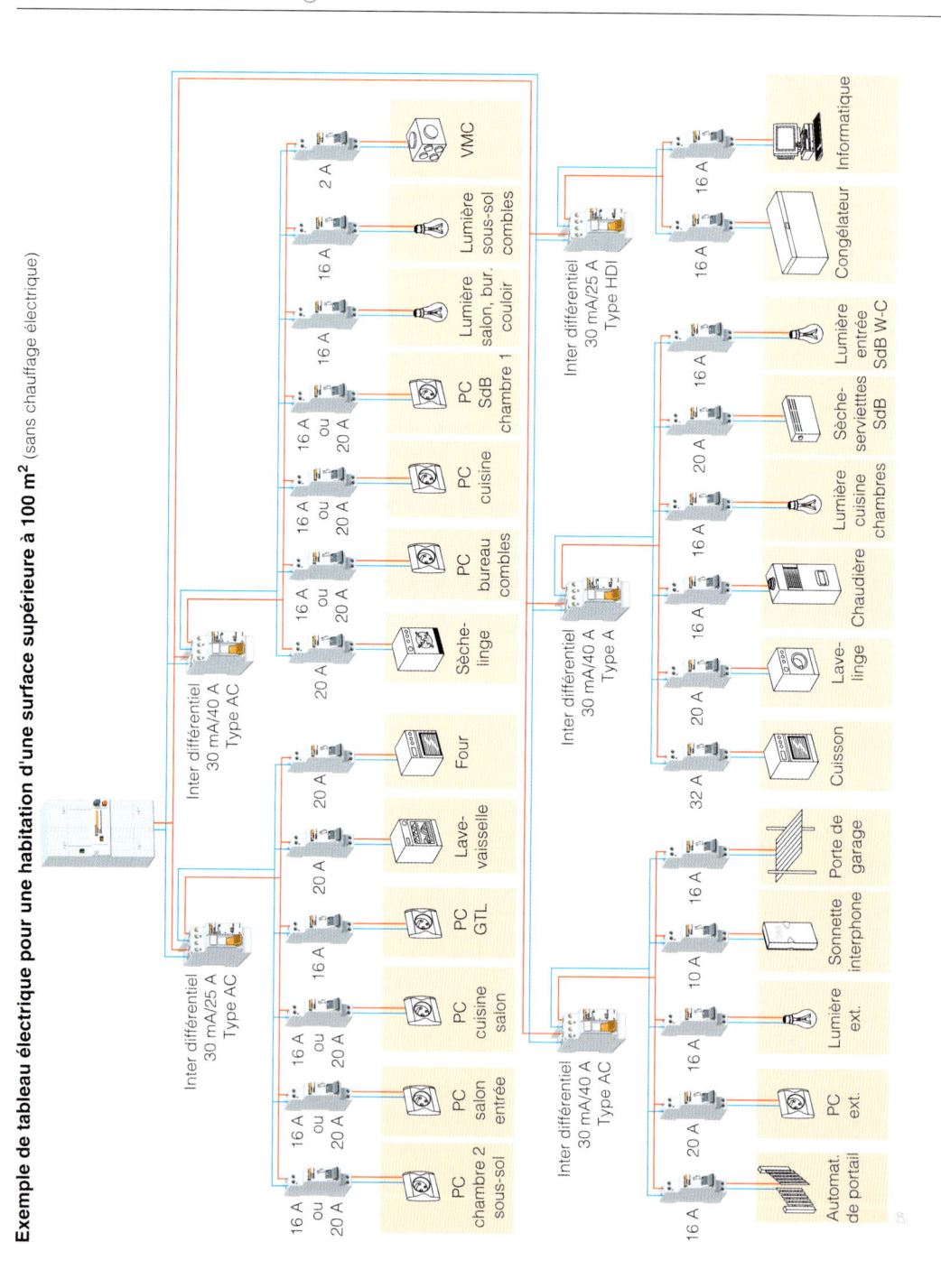

52

Crédits photographiques

Les photographies et illustrations de ce livre ont été fournies par les personnes et les sociétés citées ci-dessous. Nous les remercions pour leur aimable collaboration.

Bosch :
page 28.

Flash :
page 13.

Cerasarda :
page 14.

Hager :
pages 39, 41, 42, 43.

Indesit :
page 27.

Jung :
pages 23, 33.

Legrand :
pages 10, 13, 30, 32, 41.

Miele :
page 28.

Schneider :
pages 40, 42, 44.

Siemens :
page 28.

Tehalit :
pages 9, 11, 12, 23

Photographies de quatrième de couverture : 1) Tehalit, 2) Legrand, 3) Jung.

Les autres schémas, dessins et crédits photographiques, dont la photographie de couverture, sont la propriété des auteurs.

Pour en savoir plus sur Internet :

www.commeunpro.com
www.editions-eyrolles.com

Mes notes

Imprimé en Italie
Dépôt légal : Septembre 2007
N° d'éditeur : 7103

Dans le cadre de sa politique de Développement Durable, l'imprimerie Stige
a obtenu en 2003 la certification ISO 14001.
Cet ouvrage est imprimé, pour l'intérieur, sur du Gardamatt de la Papeterie de Garda
certifié ISO 14001 et pour la couverture sur du Performa White
de la Papeterie Stora Enso certifié ISO 14001.